자작나무 사이로 22,791km를 달려

칼리닌그라드
러시아 영외 영토

에스토니아 탈린

리투아니아
빌뉴스

라트비아
리가

상트페테르부르크
러시아 제2의 수도

벨라루스
민스크

우크라이나
키예프

모스크바
러시아의 수도

몰도바
키시뇨

니즈니 노브고로트
중세 역사가 숨쉬는 도시

카잔
타타르스탄 자치공화국 수도

소치
2014년 동계올림픽 개최지

예카테린부르크
우랄지방 최대의 철도 항공 공업도시

그루지야
티빌리시

아르메니아
예레반

옴스크
시베리아 군수 공장 도시

아제르바이잔 바쿠

노보시비리스크
시베리아 최대 도시로 중앙아시아의 길목

카자흐스탄 아스타나

카스피해

크라스노야르스크
시베리아 중공업 도시이자 중앙에 위치

투르크메니스탄
아슈하바트

우즈베키스탄
타슈켄트

알마티

타지키스탄
두샨베

키르기스스탄
비슈케크

중국

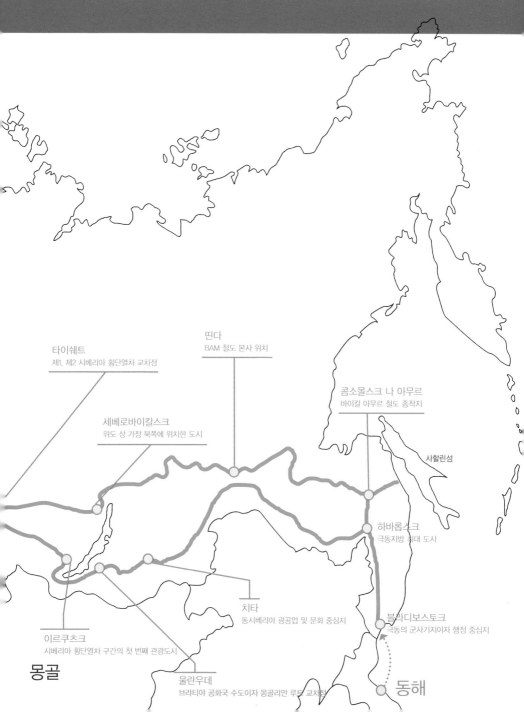

블라디보스토크에서 칼리닌그라드까지,
다시 콤소몰스크 나 아무르까지 400시간

타이쉐트
제1, 제2 시베리아 횡단열차 교차점

띤다
BAM 철도 본사 위치

콤소몰스크 나 아무르
바이칼 아무르 철도 종착지

세베로바이칼스크
위도 상 가장 북쪽에 위치한 도시

사할린섬

하바롭스크
극동지방 최대 도시

치타
동시베리아 광공업 및 문화 중심지

이르쿠츠크
시베리아 횡단열차 구간의 첫 번째 관광도시

블라디보스토크
극동의 군사기지이자 행정 중심지

몽골

울란우데
브랴티야 공화국 수도이자 몽골리안 루트 교차점

동해

★ 이 책의 수익금 중 일부는 고려인 돕기 운동으로 러시아와 중앙아시아에서
세계적 문화유산인 소중한 우리 한글을 공부하는 학생에게 지원됩니다.

이 책은 서울 아현동에서 순댓국 장사를 하는
이한신·심재숙 부부가 제1 시베리아 횡단열차와
제2 시베리아 횡단열차인 바이칼 아무르 철도길을 따라
22,791km를 왕복 여행한 기행문이다.

Lee Han Shin's Travel Sketch:

on the Trans-Siberian Railway and Baikal-Amur Mainline

Vladivostok

Khabarovsk

Irkutsk

Novosibirsk

Nizhny Novgorod

Moskva

Saint Peterburg

Tallinn

Kaliningrad

Omsk

Severobaikalsk

시베리아 횡단열차

그리고

바이칼 아무르 철도

글_사진 ★ 이한신 _ 심재숙

이지출판

오랜 역사와 문화, 그리고 신비 속으로

오늘날 우리는 여러 가지 미명하에 아름다운 자연을 잃어버렸다. 하지만 시베리아의 자연은 아직까지 훼손되지 않았다. 그래서 시베리아는 러시아뿐만 아니라 인류의 미래라 할 수 있다. 이런 시베리아를 가로질러 질주하는 열차가 바로 시베리아 횡단열차다.

극동의 블라디보스토크에서 러시아 수도 모스크바까지 자그마치 9,288km를 매일같이 달리는 이 시베리아 횡단열차는 1916년에 개통되었으며, 아시아에서 유럽에 걸쳐 있는 시베리아 대륙을 가로지르는 러시아의 대동맥이다. 사람들은 이 열차를 통해서 여러 민족을 만나고 또 혹독한 환경을 견뎌낸 아름다운 시베리아의 자연을 만난다.

시베리아 횡단철도라 하면 낭만적인 생각이 앞선다. 사실 그렇다. 세계 여러 나라에서 온 나그네들과 같이 여행을 하게 되니 상상 밖의 여정이 넘쳐흐른다. 이것은 시베리아 횡단철도가 아니고서는 감히 체험할 수 없는 것이다.

차창 밖으로 펼쳐지는 풍경은 유럽의 파리라고 하는 이르쿠츠크에서 절정에 다다른다. 블라디보스토크에서 이르쿠츠크 사이에는 침엽수와 협곡, 하천 등이 많이 있다. 그러나 일단 이르쿠츠크를 떠나 모스크바까지는 가파르지도 않고 평탄한 우랄산맥이 이어져 있어 지금까지와는 또 다른 풍경이 펼쳐져 흥미롭다. 우랄산맥의 바위에는 군데군데 새겨놓은 이름들이 있다. 이것은 시베리아 철도공사에 참가했던 사람들의 이름일 것이다.

그러나 우리는 시베리아 횡단철도 이야기가 나오면 1937년 9월에서 3개월에 걸쳐 연해주에 살고 있던 18만 명의 고려인들이 스탈린의 '고려인 불신'이라는 망상으로 인해 중앙아시아로 엄동설한에 목축을 나르는 화물차에 태워 강제 이주시켰던 사건이 떠오른다.

1980년 말 이후 고르바초프의 러시아 개방 개혁 정책에 따라 그들의 영토였던 USSR(옛 소련연방공화국으로 지금의 15개 독립 공화국)이나 CIS(옛 소련연방공화국 중에 발트 3국을 제외한 지금의 12개 독립 공화국으로 정치상황에 따라 가입과 탈퇴가 반복되고 있다)로 지정학의 판도가 바뀌어 1991년에 새로운 신생 독립국가가 생겨나고 옛날의 실크로드도 새로운 빛깔로 등장했다. 그래서 수많은 여행가들이 이곳의 숨겨진 매력을 찾아 모여들고 있다.

이러한 유라시아 대륙의 시작에서 시작으로, 끝에서 끝으로 시베리아 횡단열차를 타고 이한신 작가는 기회가 닿을 때마다 답사에 나섰다. 그리고 이미세 권의 여행기를 출간했으며, 그의 탐험심과 도전정신은 계속 이어지고 있다. 이번에 펴내는 시베리아 횡단열차 여행기도 그 노작들 중의 하나다.

이한신 작가의 노정은 언제나 땀이 흠뻑 배어 있다. 여행사를 통한 편안한 여행이 아니라 본인이 계획하고 온몸으로 부딪쳐서 얻은 것들을 글로 써서 독자들에게 전하고 있기 때문이다. 그래서 어느 여행기보다 리얼리티가 살아 있다.

이들 부부는 서울 아현동에서 순댓국을 팔고 있다. 매일 새벽에 일어나 그날그날 찾아오는 손님들에게 내놓을 순댓국을 옛날 방식 그대로 끓여 내고 있다. 좀 더 편한 방법이 있을 것도 같은데 그 뚝심 또한 대단하다. 조금 늦더라도 돌아가거나 피하지 않겠다는 그들의 모습이라는 생각이 든다.

이 책에서도 그들은 누구나 쉽게 떠날 수 없는 힘든 여행을 함께 했다. 서로 격려해 가며 장장 60일간 유라시아 대륙의 극동 끝에서 유라시아의 또 다른 끝 칼리닌그라드까지, 그리고 툰드라를 지나 다시 콤소몰스크 나 아무르에서 대장정을 마무리한 그들의 여정을 따라 오랜 역사와 문화, 그리고 신비 속으로 빠져 보길 권한다.

2014년 2월

미국 유타대학교 지리학과 명예교수 이 정 면

여행을 시작하면서

아내는 아현동 좁은 시장골목에서 16년째 순댓국 장사를 하고 있다. 새벽에 일어나 밤늦게까지, 정기적으로 쉬어 본 적도, 휴가를 가본 적도 없이 순댓국 장사를 해 왔다. 겨울이면 하얗게 쌓인 눈으로 천막이 주저앉아 문이 삐걱거리고, 한여름 장마에는 지붕에서 비가 새는 자그마한 식당이다.

대한민국의 모든 어머니들처럼 먹고 싶은 것 맘껏 먹지 않고, 비싼 화장품과 좋은 옷 한 번 제대로 써보지도 입어 보지도 못하고 돼지 냄새 나는 돈을 낡은 앞치마에 한 푼 한 푼 모으는 그런 아내와 함께 나도 순댓국 장사를 하고 있다.

그렇게 쉼표 없이 오십 대를 넘기며 숨가쁜 삶을 살아온 우리 부부는 2011년부터 크게 심호흡을 하고 새로운 변화를 시도했다. 다름 아닌 여행이다.

하지만 가이드 뒤를 졸졸 따라다니는 여행이 아니고, 더욱이 그룹으로 무리지어 사진만 찍고 오는 여행이 아니라, 시간이 지나고 세월이 흘러 먼 훗날 멋들어진 추억의 시간으로 돌이켜볼 수 있는 배낭여행을 준비했다.

그곳 사람들의 살아가는 냄새를 느낄 수 있도록 문화와 역사에 관한 책을 읽어가며 많은 것을 공부해야 떠날 수 있는 배낭여행. 그래야만 제대로 즐길 수 있고, 스스로 만들어 가는 여행을 할 수 있으며, 꼬부랑 할아버지 할머니

인천~칭다오 배표. 요금은 125,000원에 세금 3,200원을 더해 128,200원이다.

가 되었을 때도 서로 공감할 수 있는 추억의 시간을 만들기 위해서다. 추억을 먹고 살아가는 노년을 위해 우리 부부는 미래의 시간을 함께 만들기로 하고 배낭을 짊어졌다.

먼저 2011년 7월, 20박21일간 실크로드 배낭여행을 했다. 실크로드는 동양의 역사책에서 가장 많이 나오는 아주 흥미진진한 길로 옛 거상들의 발자취를 따라 동서양을 하나로 묶었던 그들을 만나려면 많은 것을 준비해야 하는 험난한 길이다. 그런 매력적인 실크로드를 향해 인천항에서 배를 타고 중국 칭다오로 입항해 특급열차를 타고 베이징으로 들어가 그곳에서 신장의 성도인 우루무치로 들어갔다.

우루무치에서 국제 열차를 타고 중앙아시아의 경제를 주도하는 카자흐스탄의 옛 수도 알마티로 입국했다.

그리고 다시 알마티에서 국제 열차를 타고 실크로드의 중심부 우즈베키스탄의 타슈켄트로 가서 사마라칸트까지 배낭여행을 하고 돌아왔다. 누구의 도움 없이 우리 부부 둘이서 황홀한 실크로드 여행을 무사히 마쳤다.

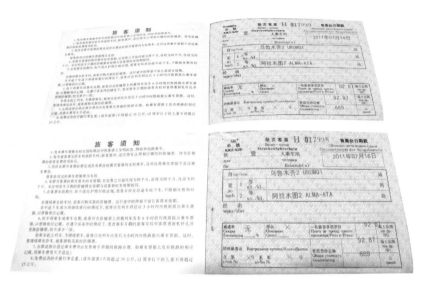

우루무치~알마티 국제 열차표. 요금은 세금 등을 모두 포함해 876위안. 원화로 환산하면 164.863원이다. 우루무치에서 카자흐스탄 알마티로 가는 국제 열차의 기차표를 파는 곳은 우루무치 기차역 옆에 위치한 야오우 호텔 1층으로 2008년 5월 이후 변함없이 매주 월/토 2회 운행을 하고 있다는 안내판이 보인다. 나는 1998년부터 2002년까지 10여 차례 실크로드 여행을 하였고 이번에 9년 만에 우루무치를 다시 방문하지만 그 이전에도 마찬가지였다. 우루무치에서 밤 23시 58분에 출발해 이틀 뒤 아침 8시 알마티 두 번째 역에 도착한다.

두 번째 2012년 7~8월에는 시베리아 횡단열차 배낭여행을 했다. 지구상에서 가장 긴 철도로 러시아 사람들의 독특한 삶과 동행하면서 평생에 한 번 경험할까 말까 한 특별한 길이다.

TV나 신문, 각종 매스컴에서 휴전선을 넘어 북한을 통해 러시아와 중국 그리고 중앙아시아를 관통해 기찻길을 따라 유럽으로 갈 수 있다고 자주 오르내리는 철도길로 TKR(한반도 종단철도), TAR(아시아 횡단철도), EURAISA

알마티~타슈켄트 3등칸 쁠라치까르타 국제 열차표. 요금은 6,922뎅게. 1달러를 145뎅게로 계산하면 47.74달러, 1달러를 1,056원으로 원화로 환산하면 50,413.44원이다.

LANDBRIDGE(아시아 유럽 연결), TSR(시베리아 횡단철도), TCR(중국 횡단 철도), TMR(만주 횡단철도), TMGR(몽골 횡단철도)이다.

그리고 얼마 전 박근혜 대통령도 한국, 중국, 중앙아시아, 유럽을 관통하는 실크로드 익스프레스(SRX)를 실현해 유라시아를 진정한 하나의 대륙으로 연결하자는 구상을 밝힌 그 철길이다. 끝없이 펼쳐진 시베리아의 자작나무를 차창 밖으로 볼 수 있는 환상적인 여행일 수도 있고, 샤워는커녕 머리도 못 감고, 수십 명이 공동으로 화장실을 사용하면서 며칠 동안 기차를 타고 가야 하는 지루한 여행일 수도 있는, 정말이지 누구나 갈 수 있는 여행이 아닌 시베리아 횡단열차다.

동해에서 배를 타고 러시아 블라디보스토크로 입항해 시베리아 횡단열차를 타고 9,288km를 달려 러시아의 수도 모스크바까지, 그리고 이어서 상트페테르부르크까지 기차여행을 했다. 역시 20박21일로 이 또한 우리 부부 둘이서 끝없는 시베리아 횡단열차 여행을 했다.

순댓국 장사를 하면서 어떻게 그런 배낭여행을 다녀왔느냐고 묻는다. 어떤 회장님이, 사장님이, 교수님이, 선생님이, 회사원이, 대학생이, 우리 부부처럼 시장에서 장사를 하는 분들이 선뜻 이해가 가지 않는 듯 신기하게 바라보며 묻는다.

사실 절대로 쉽지 않은 일이지만 살짝 생각을 바꾸면 아주 간단하다. 너무 깊고 넓게 생각하다 보면 여행은커녕 이것도 저것도 안 된다. 그리고 여행경비는 얼마나 들었는지, 여행 시간은 어떻게 계획했는지, 외국말을 못하는 자기네들도 갈 수 있느냐고 다시 묻는다. 또 배낭여행 가서 현지인들과 대화는 어떻게 했느냐며, 영어로 했는지, 러시아어로 했는지, 몇 나라 말을 하느냐고 궁금해한다.

여행을 떠나보면 지금까지 살아온 삶을, 지금 살아가고 있는 삶을, 앞으로 다가올 삶을 풍경화처럼 볼 수 있다. 그 어떤 영화보다 아름답고 가슴 찡한 감동적인 휴먼 드라마를 보게 된다. 시간도 돈도 건강도 중요하지만 떠나면 누구나 느낄 수 없는 진정한 행복이 무엇인지 느끼게 된다. 세상을 가진 자와 그렇지 못한 자, 지위가 높은 자와 그렇지 못한 자, 명예를 가진 자와 그렇지 못한 자, 부를 가진 자와 그렇지 못한 자가 행복의 잣대가 아님을, 세계의 지붕 파미르 고원의 깊고 깊은 초원에서 만난 목동들이, 양떼를 모는 어린 소녀가 자신들이 세상에서 제일 행복하다고 한 말을 나는 충분히 공감한다.

우리 부부는 러시아를 포함한 옛 소련 열다섯 공화국의 역사나 문학을 전공한 학자도 아니고 말 그대로 시장에서 순댓국 장사를 하는 사람이다. 그저 순댓국 장사를 하는 사람이 쓴 책이니 글과 사진에서 아마추어 냄새가 나더라도 이해해 주면 고맙겠다. 아내가 옆에서 조언을 하는 가운데 글은 주로 내가 정리하였고 사진은 블라디보스토크에서 상트페테르부르크까지는 아내와 함께, 그 이후로는 내가 찍은 것이다. 여행을 하면서 만난 유적지의 역사적 사실은 위키백과사전과 인터넷에서 부분적으로 발췌하였고 러시아어 원본을 번역해 참조하였다.

나는 2007년 〈중앙아시아 마지막 남은 옴파로스〉, 2008년 〈숨겨진 보물 카프카스를 찾아서〉, 2010년 〈발트 3국 그리고 벨라루스에 물들다〉 등 옛 소련 연방공화국 여행기를 출간하였다.

돌이켜보면 많이 부족하지만 한국과 옛 소련이 붕괴되어 각 공화국들과 수교를 한 지 20여 년 전후한 지금까지도 우리나라와 수교가 없는 공화국이 있을 만큼 다른 대륙에 비해 이 지역을 깊게 여행한 여행자나 전문가가 많지 않은 곳인지라 많은 독자들로부터 긍정과 부정적인 조언을 동시에 받았다.

이번에도 순댓국 뚝배기처럼 투박한 글을 매끄럽게 다듬어 준 이지출판사 서용순 대표께 감사드린다. 또한 초라한 순댓국집 부부가 책을 내는데 혹누가 되지 않을까 노심초사하면서 부탁드렸는데 선뜻 추천의 글을 써 주신

미국 유타대학교 지리학과 이정면 명예교수님께 고개 숙여 감사 인사 드린다. 그리고 세상을 살아가는 보통 사람들이 전하는 용기와 격려에 그 무엇보다 고마움을 전한다.

2013년 여행길에는 팀원들과 함께 파미르 고원을 횡단하고 중앙아시아 여행을 50일간 다녀오느라 아내와 함께 여행을 떠나지 못했지만, 2014년에는 어떤 여행길이 우리를 기다릴지 기대하며, 이 책에서는 2012년 여행길에 올랐던 제1 시베리아 횡단열차와 제2 시베리아 횡단열차인 바이칼 아무르 철도 왕복 기행문을 적었다.

시베리아 횡단열차 길을 우리 부부가 살아온 인생의 길과 서로 비교하면서 영화로만 보고 말로만 듣던 시베리아 횡단열차 여행을 독자들과 함께 떠난다. 헤르만 헤세의 말처럼 여행을 떠날 각오가 되어 있는 자만이 자기를 묶고 있는 속박에서 벗어난다고 했다.

이 책을 읽는 동안 여러분도 잠시나마 삶의 틀에서 벗어나 우리 부부와 함께 시베리아 횡단열차 여행을 경험하기 바란다. 이제 함께 배낭을 메고 기차를 타고 본격적인 여행을 떠나보자.

2014년 2월
서울 아현동 순댓국집에서
이한신 · 심재숙

차례

기차표 읽는 법

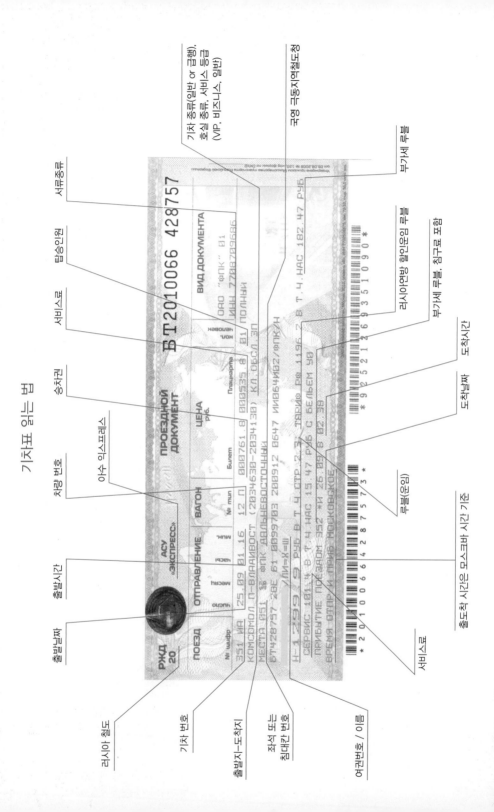

출발날짜

출발시간

차량 번호

이수 익스프레스

서류종류

승차권

탑승인원

서비스료

기차 종류(일반 or 급행), 호실 종류, 서비스 등급 (VIP, 비즈니스, 일반)

국영 극동지역철도청

부가세 루블

러시아연방 할인운임 루블

부가세 루블, 청구료 포함

도착시간

도착날짜

루블(운임)

출도착 시간은 모스크바 시간 기준

러시아 철도

기차 번호

출발지-도착지

좌석 또는 침대칸 번호

여권번호 / 이름

서비스료

동해Donghae ~블라디보스토크 Vladivostok
612km 24시간

"여보! 굼벵이처럼 움직이지 말고 좀 빨리 빨리 나와!"

우리 부부가 함께 외출할 때는 섬머슴처럼 주섬주섬 준비하는 아내와는 달리 나는 이것저것 돌아보느라 늘 늦는다. 여행을 떠나는 아침에도 한옥 대문을 나서면서 또 꾸물거린다고 아내가 한마디 한다.

이슬비가 내리는 시청 앞에서 07시 20분에 출발하는 버스를 타고 동해항으로 가는데, 많지 않은 승객들 사이로 금발의 러시아 아가씨와 자꾸 눈이 마주친다. 옆에 앉아 있는 아내의 눈치를 보면서 여행을 떠나기도 전에 러시

동해~블라디보스토크 배표

아 아가씨한테 눈길을 주다니, 남자들이란 다 그런가 보다. 그런데 왠지 이 금발 아가씨와 무슨 인연이 이어질 것 같은 예감이 들었다.

버스가 동해항 출입국 관리사무소에 도착하니 마중 나와 있던 이민용 아우가 웃으며 반갑게 맞아 주었다.

"어서 오세요! 이리로 오시면 돼요."

배표를 끊어 주고 당분간 먹지 못할 것을 생각해 김치찌개로 점심을 먹는 동안 배낭까지 맡아 주고는 안전한 여행을 하라고 미소를 지으며 당부했다.

2009년 7월 19일 속초~자루비노항 배표. 역시 이코노미 클래스다.

여행을 마치고 60여 일 후에 동해로 입국할 때 다시 보자며 배에 올랐다. 동해항을 14시에 출항해 동해 동북쪽 바다 위를 24시간 달려 블라디보스토크항에는 다음 날 14시에 도착한다. 블라디보스토크가 동해보다 2시간 빠르다. 2009년에는 속초에서 출항에 자루비노 항구를 거쳐 블라디보스토크로 왔는데, 지금은 곧장 간다.

이제부터 시베리아 횡단열차 여행이 시작된다. 먼 훗날 아름다운 추억이 되겠지만 만만치 않은 여행길이다. 매번 시베리아 횡단열차 여행을 할 때마다 설레는 나와는 달리 아내는 그저 무덤덤한 모양이다. 작년에도 그랬고, 올해도 여행을 떠나면서 왜 내 남편은 이런 고생스런 여행을 계속 하는지가 더 궁금해서 같이 배낭을 짊어지고 동행하는 엉뚱한 사람이다.

배에 올라탈 때부터 얼굴이 벌겋게 상기되어 있던 중년 아저씨들. 배가 출항하기도 전에 벌써 곤드레만드레다. 학생들 틈에 앉아 가지고 온 소주를

한국 여행을 마치고 블라디보스토크로 돌아가는 러시아 초등학생들.
반대로 블라디보스토크로 가려는 여행자들이 줄을 서서 배에 올라타는 모습.

마시는데 대한민국을 부끄럽게 만드는 일등공신은 이들을 두고 하는 말이지 싶다. 여행을 가는 곳의 역사나 문화를 토론하거나 대화하는 모습은 눈을 씻고 봐도 없다. 이제는 마음만 먹으면 누구나 외국 여행을 갈 수 있을 만큼 자유로운 세상이지만, 그래도 한 번 떠나려면 귀중한 시간을 투자해야 하는데 안타까운 생각이 들었다.

선상 카페에서 태평양을 바라보며 시원한 생맥주를 한 잔 마셨다. 제일 등급이 낮은 이코노미 클래스지만 그래도 우리는 무엇과도 비교할 수 없을 만큼 행복했다.

이코노미 클래스는 12명, 72명, 100명이 마루와 침대에서 함께 잠을 자는데, 우리는 72명이 함께 자는 침대칸에서, 그것도 같은 침대가 없어 첫날부터 떨어져서 잠을 잤다.

태평양이 보이는 창문에 영국 런던의 상징인 웨스트민스터 궁전 북쪽 끝에 있는 런던 시계탑이 그려져 있다. 빅 벤 또는 엘리자베스 타워라고 하는데 런던에 온 걸 환영한다는 간결한 그림이다. 이번 시베리아 횡단열차 여행길이 2012년 7월 27일(오프닝) 금요일부터 8월 12일(클로징) 일요일까지 17일간 열리는 런던 올림픽 기간과 일부분 겹친다.

블라디보스토크 Vladivostok

옛 소련 시절엔 외국인 여행자가 블라디보스토크를 여행하는 것이 금지되어 있었는데, 20년이 흐른 지금은 누구나 갈 수 있으니 격세지감이 느껴진다. 비자를 받는 것조차 어렵던 시절에 비하면 훨씬 나아졌지만 지금도 까다롭긴 마찬가지다. 하지만 앞으로는 비자가 필요 없는 그런 때가 올 것이다.

그런데 그 때가 의외로 빨리 다가왔다.

블라디보스토크 기차역 광장

러시아 수로 안내인이 안전하게 배를 안내해 준다.

2013년 11월 13일 푸틴 러시아 대통령이 한국을 방문하여 한·러 정상회담에서 2014년부터 상호 60일간 비자 사증 면제 협정에 합의했다. 이제 한국과 러시아의 교류가 지금보다 훨씬 다양하게 이루어질 것이다.

유럽으로 향하는 러시아의 수도 모스크바나 상트페테르부르크에서 거의 10,000km 가까이 떨어져 있는 극동지역의 블라디보스토크항에 14시에 도착하니, 러시아 사람들부터 내려 여권 검사를 받는다. 반대로 동해항에서는 한국 사람들부터 내려 여권 검사를 받는다.

1시간 30분에 걸쳐 러시아 사람들의 수속 절차가 끝난 뒤 50~60명의 한국 대학생과 여행자들이 내리는데, 대학생 중 한 남학생이 나에게 꾸벅 인사를 했다.

"안녕하세요, 선생님!"

"누구신지… 저는 잘 모르겠는데…."

지지난달 5월 21일부터 24일까지 EBS 세계테마기행 '파미르를 걷다. 타지키스탄' 4부작의 주인공이 아니냐며 무척 감동스럽게 보았단다. 여행을 시작하기도 전에 알아보는 이가 있어 쑥스럽고 긴장되었는데, 옆에 있던 아내가 농담 삼아 한마디 건넸다.

"당신 이번 여행하면서 이미지 관리 잘 해야겠네요. 시장골목에서 순댓국 장사하는 당신을 벌써부터 알아보는 팬이 있네!"

20여 명으로 구성된 남녀 대학생들에게 어느 곳을 여행하느냐 물으니 블라디보스토크와 하바롭스크에 고려인들을 도와주러 간다고 한다. 그들과 뜻깊은 만남의 시간이 되길 기원했다.

블라디보스토크항 건너에는 많은 사람들이 헤어졌던 가족과 연인과 친구들을 기다리고 있다.

이곳 극동지역은 해외 독립운동의 중추 기지 중 한 곳으로 1800년대 후반에서 1900년대 초 이주민으로 구성된 고려인들이 블라디보스토크에 지금도 많이 거주하고 있다. 옛 소련 열다섯 공화국에 거주하는 고려인 또는 고려 사람을 부르는 말로 한국인과 조선인을 절충해서 고려인이라 불렀는데, 제2차 세계대전 전후 중앙아시아로 강제 이주된 한국인들을 까레이스키, 즉 고려인이라고 불렀을 가능성이 있다. 당시 러시아인들이 알고 있던 한민족을 지칭하는 명칭인 까레이스키를 사용했는데, 한국어 한국민족은 까레이스키, 한국인은 까레이쯔, 한국은 까레야로 러시아어 까레이스키를 번역하여 '고려인'이라는 명칭을 사용했을 가능성이 있다.

중앙아시아의 고려인들이 먼저 자신들을 '고려인'이라고 불렀는지, 아니면 해방 후 세월이 흘러 한국인들이 중앙아시아의 한인들에게 관심을 갖게 되었을 때 러시아인들이 그들을 '까레이스키'라고 부르는 것을 보고 그것을 번역하여 '고려인'이라고 부르게 되었는지에 대해서는 확실하지 않다. 지금도 러시아어에서는 중국을 '키타이'라고 하는데, 과거 '거란'이라는 국가명과 관련이 있으며 중국을 지칭하는 영어 명칭인 China와는 관계가 없고 China는 고대 중국의 진시황이 세운 '진'이라는 국가명과 관련이 있다.

918년, 왕건에 의해 신라 말에 분열된 한반도를 다시 통일하여 세운 왕조인 고려와는 관련이 없는 것으로 알고 있는데, 정확한지는 잘 모르겠다.

약 70만 명의 고려인들이 지금도 중앙아시아를 중심으로, 러시아 볼고그라드와 우크라이나의 동남부에 특히 많이 살고 있으며, 사할린에도 또 다른 사할린 고려인이 있다. 사할린 고려인은 제2차 세계대전 때 노동력 부족을 메우기 위해 일본에 의해 주로 1930~1940년대 경상도와 전라도에서 강제로 이주해 사할린의 탄광에 끌려가 노역을 했던 고려인을 말한다.

역사적·정치적으로 복잡하고 어지러운 현실 때문에 옛 소련 열다섯 공화
국을 여행하다가 뜻하지 않게 발트 3국이나 카프카스 3국에서 고려인을 만
나게 될 땐 반가움을 넘어 슬픔이 밀려온다.

젊은 대학생들이 소중한 시간과 용기를 내어 우리 동포를 만나러 가는 블
라디보스토크에서 안타까운 소식을 들었다. 블라디보스토크에는 1995년에
설립된 해외 최초의 한국학 단과대학인 국립극동대학이 있는데 한국학대학
이 사라지고 한국어학과로 축소된단다.

2012년 9월 1일부터 8일까지 블라디보스토크 루스키 섬에서 아시아태평
양경제협력, 즉 APEC 정상회의가 끝나고 나면 한국학대학 건물을 민간에
매각한단다. 여러 가지 문제가 있겠지만 고려인들의 자부심이었던 한국학대
학에 누군가 관심을 가져주었으면 좋으련만 안타깝다.

러시아 입국 절차를 마치고 나오자 터미널 1층에서 두 시간 일찍 나와 있
던 안나가 마중 나온 엄마, 친구와 함께 우리 부부를 기다리고 있었다. 어제
시청 앞에서 같은 버스를 타고 동해항까지, 그리고 선상에서 저녁과 아침을
같이 먹은 안나는 6년째 서울에서 바이올린을 연주하고 있단다. 안나가 유창
한 한국말로 물었다.

"Mr Lee! 러시아어 할 줄 아세요! 블라디보스토크에는 처음 오시는 거죠?"

얼떨결에 그렇다고 하자 여기저기 전화를 걸더니 제일 저렴하다는 모랴크
호텔을 예약해 주고 블라디보스토크와 서울의 연락처를 일러주면서 어려운
일 생기면 꼭 전화를 하란다.

블라디보스토크 항구 터미널을 빠져 나와 인사를 하고 헤어지면서 마음까

블라디보스토크 모랴크 호텔 오비르. 옛 소련의 맏형인 러시아를 비롯해 지금도 몇몇 나라에 남아 있는 소비에트식 거주지 등록제도다. 그 나라에 처음 도착하면 일반적으로 3일 이내에 그리고 다른 지역으로 이동해 3일 이상 머물 경우에 관할 관청에 외국인 내가 여기에 왔다고 하는 일종의 신고식을 해야 한다.

러시아의 모스크바나 상트페테르부르크만을 여행할 땐 7일 이내로 조정되었는데 무모한 여행자는 가끔 이것도 건너뛰어 스스로 문제를 일으킨다.

16년 전 내가 처음 옛 소련 연방공화국들을 여행할 때는 열다섯 독립 공화국에서 모두 거주지 등록을 하느라 진땀을 뺐는데, 세월이 흘러 이제는 거의 사라져 희미한 추억으로만 남아 있다.

발트 3국인 에스토니아, 라트비아, 리투아니아와 카프카스 3국인 그루지야, 아르메니아, 아제르바이잔 그리고 우크라이나는 완전히 없어지고 몰도바와 벨라루스는 형식적이지만 만에 하나 출국할 때 문제가 될 수 있어 지키는 것이 좋다. 이제는 중앙아시아 5개국 중 키르기스스탄을 제외한 카자흐스탄, 타지키스탄, 우즈베키스탄, 투르크메니스탄에 남아 있다.

카자흐스탄은 항공으로 입국하는 경우 30일 이내는 신고를 하지 않아도 문제가 없다지만 항시 유동적이라 확인을 해야 하고, 육로로 입국하는 경우는 신고를 해야 한다. 특히 주의할 점은 이미 독립된 열다섯 공화국 중에 그루지야에서 다시 독립을 하려는 압하지야 공화국과 몰도바와 내전 중으로 실질적인 독립국을 선언한 트랜스드네스트르

공화국 그리고 이론적으로는 아제르바이잔 영토지만 아제르바이잔과 아르메니아의 전쟁에서 승리한 아르메니아가 현실적으로 점령하고 있는 나고르노 카라바흐, 타지키스탄의 파미르 고원을 여행할 때는 비자 또는 서류와 오비르 등록에 각별히 신경을 써야 한다. 24시간 하루 종일 감시당하는 옛 공산주의 유산물의 일종으로 짜증스러울지 모르겠지만 그 나라에 갔으니 그 나라 법을 따르는 것이 현명하다.

지 예쁜 고마운 안나와의 짧은 인연이 계속 이어질 것만 같은 생각이 들었다. 블라디보스토크에는 저렴한 게스트하우스나 호스텔이 없고 또한 러시아 기차역에 대부분 있는 꼼나띄 옷띄하도 없으며, 한국 사람이 운영하는 민박집이 있긴 하지만 호텔 못지않은 비싼 숙박비에 러시아 특유의 거주지 등록을 하는 데 또다시 비용을 지불해야 한다.

시간을 보니 은행 영업시간이 거의 끝나갈 무렵이어서 부랴부랴 달려가 환율을 보니 1달러에 31.86루블로 510달러를 환전하니 16,248.60루블이다. 그날그날에 따라 환율이 다르지만 이 책에서는 지금 환전한 31.86루블로 일괄 정리했다.

환전한 루블을 가지고 호텔로 가기 전에 곧바로 블라디보스토크 기차역으로 달려가 하바롭

이 러시아 루블 환전표는 시베리아 횡단열차를 마치고 다시 블라디보스토크로 돌아오는 9월 20일 세베로바이칼스크에서 840달러를 환전한 영수증으로 아무래도 대도시가 아니니 1달러에 30.76루블로 강세를 보인다.

시베리아 횡단열차 가격표로 2012년 7월 30일 기준으로 블라디보스토크에서 모스크바까지 가는 기차요금인데 일주일 동안 중간에 내리지 않는 경우다. 1등칸 룩스는 15,800루블로 1달러 31.86루블로 계산하면 495.92달러다. 출국할 때의 매매기준 환율이 1,137원이니 원화로 환산하면 563,861.04원. 여기서도 원화 환율은 1,137원으로 통일했다. 2등칸 쿠페는 13,300루블, 417.45달러로 474,640.65원. 3등칸 쁠라치까르다는 6,400루블, 200.88달러로 228,400.56원이다.

스크로 출발하는 기차표를 두 장 사면서 아가씨한테 블라디보스토크에서 모스크바까지 1등칸부터 3등칸까지 기차 요금을 물어보니 시큰둥해하면서도 메모지에 적어 달라니 친절하게 적어 준다. 마음도, 예의도, 얼굴도 예쁘다.

그리고 보니 나는 4년 만에 다시 시베리아 횡단 열차를 타는 것이다.

안나가 예약해 놓은 모랴크 호텔은 블라디보스토크 항구 터미널과 그 옆에 있는 기차역에서 걸어서 15분 정도면 갈 수 있는 포세츠카야 거리 언덕

2009년 7월 21일 14시 52분 블라디보스토크 기차역을 출발해 4박5일 동안 5,100km를 87시간 하고도 28분을 달려 크라스노야르스크 기차역에 7월 25일 06시 20분에 도착한 3등칸 쁠라치까르타로 4180.7루블, 146,826원이다.

위에 있다. 가까운 곳이지만 배낭을 짊어지고 언덕을 올라가려니 아내의 발걸음이 천근만근 무겁다.

배낭을 내려놓고 해가 저물기 전에 이곳 사람들의 문화광장으로 늘 젊은 이들로 활기찬 중앙대로에 있는 혁명전사광장으로 발걸음을 옮겼다. 이 광장 한복판에는 볼셰비키 혁명 초기인 1917년 시베리아 연해주에 침입한 외국군을 물리친 것을 기념하기 위해 만들어진 깃발과 나팔을 든 거대한 동상이 있는데, 이번 여행에서는 아쉽게도 주변 광장을 막아놓고 공사가 진행중이어서 사진을 찍을 수 없었다.

한 바퀴 산책을 하고 나서 시내에서 좀 떨어진 북한에서 운영하는 평양식당으로 향했다. 평양냉면과 광어탕을 시켰는데 생각보다 맛은 그랬지만 근무하는 여직원들은 매우 세련되고 상당한 미모를 가지고 있다. 러시아어와 영어 실력도 미모만큼이나 대단했다.

"안녕하십니까! 반갑습니다. 여기 앉으세요!"

15년 전후 옛 소련 연방 공화국들을 여행할 때 북한에서 운영하는 식당에 들러 식사를 한 적이 여러 번 있는데, 그때는 아가씨의 말과 행동이 너무 정확해서 로봇 같았었다. 그런데 지금은 세련미가 넘치고 부드러워졌다.

"우리 부부와 함께 사진 좀 찍을 수 있을까요?"

그러자 미소를 지으며 한사코 사양했다. 비싼 가격에도 불구하고 평양식당을 찾는 외국인들이 많았다. 음식맛보다는 북한 식당이라는 것이 더 흥미로운 것 같다.

'여기는 모스크바에서 시작해 시베리아 대지를 가로질러 극동지역을 연결하는 총 길이 9,288km의 철도 종점이다' 라고 적혀 있다. \

블라디보스토크 기차역 안에 있는 시베리아 횡단열차 출발점을 상징하는 것으로 심여사 앞에는 '제2차 세계대전 프리모르스키 철도청 직원들의 노고를 기억하며 1941~1945' 이렇게 적혀 있다. 1860년 북경조약으로 중국 땅이었던 연해주가 러시아 땅이 되면서 '동방을 지배한다'는 뜻으로 된 블라디보스토크는 러시아 태평양 군사기지로 세워진 시베리아 횡단철도의 시발점이자 종점으로 시베리아 철도가 완전히 개통됨으로써 모스크바와 연결되었다.

'본 기념 건조물은 블라디보스토크 기차역 준공식 및 극동지역 철도청 창립 100주년을 기념하여 1996년에 설치되었다'라고 뒷면에 쓰여 있다.

평양식당 건물 맨 위층에는 블라디보스토크 안내 책자에도 나와 있지 않은 작고 낡아서 눈에 잘 보이지 않는 저렴한 모텔이 있다. 시내를 오가는 데 좀 불편하지만 여행 경비를 절약한다면 묵을 만하다.

평양식당을 나서는데 한바탕 소나기가 내린다.

블라디보스토크 기차역은 모스크바 야로슬라브스키 기차역 다음으로 러시아 17세기 건축양식으로 지어진 역으로 1907~1912년 사이에 코발로프에 의해 설계되고 건설되었으며, 수차례의 복원을 거쳐 지금은 블라디보스토크를 대표하는 건축물 중 하나다.

블라디보스토크 전쟁기념비로 제2차 세계대전 당시 희생된 장병들의 슬픔을 대신해 일 년 내내 꺼지지 않는 불꽃이 타오른다. 승전기념비라고도 하는데, 여행을 하다 보면 옛 소련 열다섯 공화국의 작은 지방 곳곳에서도 훨훨 타오르는 불을 볼 수 있으며 벽면에는 희생된 장병의 이름이 빼곡히 적혀 있다.

블라디보스토크 C-56 박물관으로 C-56은 제2차 세계대전 당시 독일 군함 10개를 침몰시킨 전설적인 옛 소련 태평양 함대 잠수함으로 제2차 세계대전 초기에 이러한 유형의 잠수함을 14개 보유했는데 1975년 이곳으로 옮겨와 지금은 잠수함 내부를 박물관으로 개방하고 있다. 러시아 극동지방 남쪽 끝에 위치한 블라디보스토크는 자연스럽게 항구와 해군기지로서 중요한 역할을 하며 러시아 해군 태평양 함대의 기지가 위치한 동해 연안의 최대 항구도시 겸 군항으로 옛 소련 극동함대의 근거지로서 북극해와 태평양을 잇는 북빙양 항로의 종점이다. 블라디보스토크항은 무르만스크에서 러시아 북극 해안을 따라 뻗어 있는 북해항로의 동쪽 종점으로 첼류스킨 곶 동쪽에 있는 북극해 연안 항구에 물자를 공급하는 중요한 보급기지로 군항일 뿐만 아니라 무역항의 기능도 가지고 있다. 1872년 러시아 태평양 해군기지가 이전한 후 급속도로 발전하기 시작하였고 1890년대부터는 무역항으로 번성하였다.

1914년 7월, 오스트리아가 세르비아에 대해 선전포고를 하면서 시작되어 1918년 11월 독일의 항복으로 끝날 때까지 오스트리아, 독일, 불가리아 동맹군과 세르비아, 러시아, 영국, 프랑스, 미국, 중국, 일본 연합국 양 진영이 4년간 계속되었던 전 세계 강국들의 제국주의 전쟁인 제1차 세계대전 때에는 미국에서 보낸 군수품과 철도장비를 들여오는 태평양의 주요 항구였다. 또한 1939년 9월에 독일이 폴란드를 침공으로 막이 오른 전쟁으로 독일, 이탈리아, 일본 파시즘 3개 국가와 옛 소련, 미국, 영국, 프랑스 등 연합국가의 대전으로 1945년 8월 일본의 항복으로 끝날 때까지 약 5천만 명의 희생자가 발생한 제2차 세계대전 때에는 연합군의 원조물자를 이곳에서 양륙하였다.

34

블라디보스토크 Vladivostok ~하바롭스크 Khabarovsk
765km 14시간

모스크바 시간 10시 16분, 블라디보스토크 시간 17시 16분에 블라디보스 토크 기차역을 출발해 다음 날 모스크바 시간 0시 16분, 하바롭스크 시간 7시 16분에 하바롭스크 기차역에 도착한다. 러시아 기차표를 수없이 본 나도 가끔 은 어지럽고 헛갈리는데 처음 러시아 기차표를 보게 되면 긴 수첩 크기에 깨알 같이 작고 너무 많은 글씨가 적혀 있어 뭐가 뭔지 모르겠고, 우선 시간을 어떻 게 읽어야 하는지 어리둥절하다. 그래서 대부분의 여행자들은 누군가가 그러면 그런가 보다 하고 그냥 넘어가기 일쑤다.

자그마한 땅덩어리에 살고 있는 우리로서는 도저히 이해할 수 없겠지만, 세계에서 제일 큰 나라인 러시아는 영외 영토인 칼리닌그라드에서 사할린까 지 동서남북 사계절 시차가 11시간이 난다. 러시아의 기차는 모든 시간이 모 스크바 시간에 맞춰져 있어 러시아를 여행할 때는 모스크바 시간과 현지 시 간을 정확하게 파악해야 실수를 하지 않는다. 기차 시간은 모스크바 시간이 지만 비행기 시간은 또 현지 시간으로 겨울과 여름 섬머 타임에는 특히 주의 를 해야 한다. 아차하면 실수하기 쉽다.

블라디보스토크는 모스크바 시간보다 7시간이 빨라 극동이나 동시베리아 지역을 여행하며 기차표를 살 땐 가능한 한 모스크바 시간으로 오전에 사면 유리하다. 모스크바 시간으로는 오전이지만 실질적으로 기차를 타야 하는

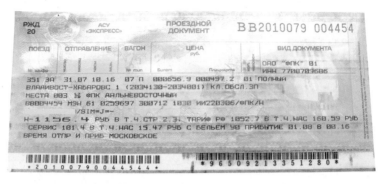

블라디보스토크~하바롭스크 3등칸 쁠라치까르타 기차표.
1,156.4루블로 1달러에 31.86루블이니 36.30달러다.
출국할 때의 환율이 1달러에 1,137원이니 41,273.10원이다.

현지 시간은 석양이 지는 오후라 호텔을 12시에 체크아웃 해도 오후에 넉넉
한 시간을 보내고 기차를 탈 수 있다.

　이 또한 직접 경험을 하지 않고선 그런가 보다 한다.

　시베리아 횡단열차를 여행한 어떤 사람은 러시아어도 못하는 상황에서 기
차표를 혼자 살 수 있는 것만으로도 다행인데 시간까지 생각하기엔 너무나
벅찼단다.

블라디보스토크에서 하바롭스크로 가는 기차 내부

이제부터 러시아를 동서로 가로지르는 지긋지긋하고 따분한 긴 여정을 기차를 타고 극동에서 동시베리아 서북쪽으로 본격적으로 이동한다. 러시아를 기차로 여행할 때마다 너무나 지루해 이런 여행은 이번으로 끝내야지 하면서도 이 지긋지긋한 기차여행을 그만두지 못하고 늘 그리워하며 또 떠나는 나는 도대체 무슨 병에 걸린 것일까! 이번에는 아내와 함께인데 아마도 아내는 그 병이 어떤 병인지 알고 싶어 동행하는 것일 것이다.

창가에 기대어 짭짤하게 말린 훈제 생선에 무색 무향 무취의 보드카를 마시며, 시베리아 벌판을 베개 삼아 그동안 바쁘다는 핑계로 읽지 못한 톨스토이나 푸시킨, 도스토예프스키 같은 러시아가 낳은 세계적인 작가들의 책을 읽고, 혼란과 격변의 세월 속에 러시아 양반 가문에서 태어난 의사 유리 지바고의 생애를 그린 영화 '닥터 지바고'에서 사랑하는 연인 라라를 쫓아가다 심장마비로 쓰러진 장면이 스칠 때, 바로 그 영화에서 보던 자작나무 숲을 벗 삼아 아름다운 풍경을 감상하는 시간은 최고의 기분이다.

　본격적인 시베리아 횡단열차 여행이 시작되면서 나는 턱을 괴고 창문 밖을 바라보고 있는데, 아내는 기차를 타자마자 피곤하다며 시트를 깔고 바로 드러누웠다.

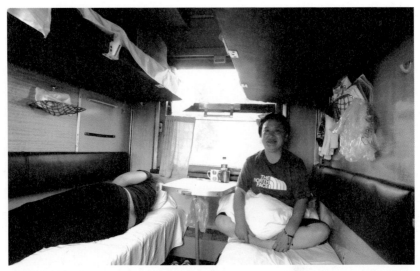

난생 처음 타본 시베리아 횡단열차 안의 심여사

하바롭스크 Khabarovsk

모스크바 시간 00시 16분, 하바롭스크 시간 7시 16분에 하바롭스크 기차역에 도착했다. 하바롭스크도 블라디보스토크와 같이 모스크바 시간보다 7시간이 빠르다.

이제는 고인이 된 북한 김정일 위원장의 출생지이자 1930년대 항일 무장 투쟁의 역사가 살아 숨쉬는 수많은 애국지사가 스쳐간 하바롭스크 기차역에 내리니 그들을 위한 슬픔인지 줄기차게 비가 내린다.

하바롭스크 기차역

낯선 여행지에서 소낙비가 내리면 이러지도 저러지도 못하고 난감하다 못해 귀찮은 것이 한두 가지가 아니다.

요즘 뛰어난 기능성 아웃도어 옷들이 많지만 소낙비가 내릴 땐 그저 멍하니 하늘을 바라보고 있는 것이 상책이다. 하지만 그래도 이동해야 하니 배낭이 천근만근이다.

하바롭스크 기차역에 내리자마자 바로 준비해야 할 것은 역시 기차표다. 이르쿠츠크로 출발하는 두 장의 기차표를 끊는데, 러시아 사람들 무척 친절해졌다. 과거에 기차표를 끊을 때 역무원의 태도는 손님이 오든가 말든가 무신경에 무대포로 나 몰라라 하는 식이었다. 아마도 러시아의 어느 지역이든 여행을 해본 사람들은 공무원들의 무표정과 무관심에 속이 터진 적이 한두 번이 아닐 것이다.

무뚝뚝한 이 사람들이 변할 수 있을까 했는데 깜짝 놀랄 만큼 달라졌다. 이처럼 우리도 어제보다는 오늘이, 오늘보다는 내일이 아름다운 사람으로 발전해야 하는데, 우리 부부도 노력은 하지만 사실 쉽지는 않은 것 같다.

기차역 3층에 있는, 러시아말로 '꼼나띄 옷띄하'로 올라갔다. 영어로 번역하면 resting room, 우리말로 해석하면 '쉬었다 가는 방' 정도다. 드넓은 옛 소련 열다섯 공화국에서는 기차를 타고 업무를 보는 경우가 많은데 이럴 때 잠시 머물다 가는 간이호텔 정도라고 생각하면 된다.

옛 소련 열다섯 공화국뿐만 아니라 러시아에는 거미줄처럼 연결되어 있는 기차가 24시간 운행을 하는데 광활한 대륙을 오가는 사람들이 다음 기차를 타고 갈 때까지 잠시 쉬었다 가는 곳이다. 그래서 방을 얻을 때 다음 행선지로 가는 기차표를 요구하는 경우가 대부분으로 최소 6시간부터 일반 호텔처럼 하루를, 며칠을 머물다 갈 수 있다.

이런 방들이 있는지 그곳에서 생활하는 내외국인뿐만 아니라 여행자들은 거의 알지 못할 만큼 알려지지 않았지만, 옛 소련 열다섯 공화국의 사람들이 모이는 곳이라 편하게 대할 수 있고, 식사는 알아서 해결해야 하지만 그들과 함께 차나 맥주를 마시며 담소하는 재미가 있다.

이 지역 사람들은 보통 며칠씩 기차를 타고 가다가 샤워를 할 곳이 마땅치 않을 땐 바로 다음 기차를 기다리면서 '꼼나띄 옷띄하'에서 돈을 따로 주고 샤워도 할 수 있다. 이들과 마찬가지로 나도 과거에 이렇게 샤워를 하고 다음 행선지로 배낭을 메고 떠난 적이 한두 번이 아니다.

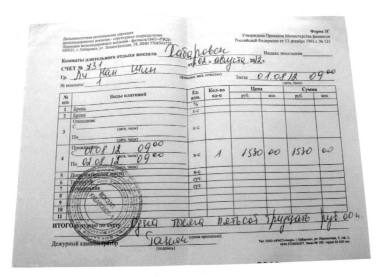

하바롭스크 기차역 꼼나띄 옷띄하 숙박 영수증 겸 오비르. 2인용 침대방값이 24시간 사용하는 데 1,530루블, 1달러에 31.86루블이니 48.02달러, 원화로 환산하면 1달러에 1,137원으로 54,598.74원이다.

블라디미르 일리치 레닌의 이름을 따서 지은 레닌 광장으로 청동으로 된 레닌 동상 옆 오른쪽의 흰색 건물은 하바롭스크 시청이다. 레닌 동상 아래에는 이렇게 쓰여 있다. '인류는 공동이익을 위해 일할 필요성을 인식하고 노동을 제공했을 때, 공산주의는 사회주의보다 높은 발전 단계가 된다.' 근처에 디나모 공원이 있고 중심 도로인 무라비예프 아무르스키 거리를 따라 걷다 보면 콤소몰스카야 광장과 아무르 강을 만난다.

하바롭스크 기차역 2층 꼼띄끄 옷띄하에서 바라본 아무르스키 거리. 왼쪽에 하바로프 동상이 보인다. 예로페이 파블로비치 하바로프는 레나 강과 아무르 강을 탐험한 러시아의 탐험가로 하바로프가 1649년에 하바롭스크를 발견해 도시 이름을 그의 이름인 하바로프에서 따왔다.

Ведиаккуратноидобросовестносчетденег 돈 계산을 정직하고 정확하게 하라
Хозяйничайэкономно 경제적으로 관리해라
Нелодырничайневоруй 게을리하지 말고, 도둑질하지 말라
Соблюдайстрожайшуюдисциплинувтруде 일에 원칙과 기준을 준수하라

하바롭스크 레닌 광장

난생 처음 타보는 시베리아 횡단열차 안에서 밤새 잠을 설친 탓인지 어지럽다며 아내가 곧바로 침대에 누워 은근히 걱정되었다. 앞으로 며칠씩 가야 하는 기차여행에 적응하려면 좀 더 시일이 필요할 것 같다.

주룩주룩 비가 내리는 하바롭스크의 둘레길을 따라 나 홀로 산책을 나섰지만, 아내가 걱정되어 레닌 광장 아래에 있는 중앙시장에 들러 멜론과 딸기 등 과일을 사가지고 서둘러 돌아오니 다행스럽게 책을 읽고 있다.

러시아 전 지역의 4.5%에 해당하는 러시아 연방 극동지방의 최대도시인 하바롭스크의 크기는 788,600km^{2}로 문화, 산업, 상업의 중심지답게 중앙시장은 러시아 상인들과 한국 식품을 파는 고려인들로 북적거리지만 자전거, 장난감,

이 아름다운 아가씨는 뱀의 벤치에 앉아 강아지를 쓰다듬으며 누구를 기다리는 것일까!

낚시, 식료품, 의류, 신발 등 거의 모든 상점은 중국 상인들이 독점하고 있다. 이 곳뿐만 아니라 전 세계 구석구석 그들의 안방이 계속 이어진다.

아내와 함께 우수리 강가와 아무르 강가를 한 바퀴 돌고 기차역 근처에 유일하게 고려인이 운영하는 한국식당에서 저녁을 먹었다. 혹시나 했는데 역시 나였다. 하바롭스크 고려인의 모임이나 현지 한국 사람들이 주로 식사를 하는 곳인데, 아내의 컨디션이 좋지 않아 우리 음식을 먹으면 좀 나을까 싶어 욕심을 부린 내가 잘못이다. 맛도 없고 서비스도 엉망이었다. 그 나라에서는 그 나라 음식을 먹는 것도 여행의 즐거움이라는 것을 내가 잠시 깜빡했다.

하바롭스크 제2차 세계대전 전쟁기념비에는 앙골라, 아프가니스탄, 북카프카스에서 전사한 군인들의 이름과 제2차 세계대전에서 전사한 군인들의 이름이 빼곡하다.

하바롭스크 정교회 또는 트랜스피구레이션 성당이라고 하는데 높은 언덕 위의 명예 광장에 위치하고 있어 우수리 강과 아무르 강으로 어우러진 아름다운 시내와 고풍스러운 건물들을 바라볼 수 있는데 먹구름이 하늘을 덮고 있어 아쉬움이 남는다.

하바롭스크 콤소몰스카야 광장의 오벨리스크. 시민 용사들의 참전을 기리는 오벨리스크 동상 앞에서 자전 거를 타는 소녀가 보인다. 오벨리스크는 고대 이집트 왕조 때 태양 신앙의 상징으로 세워진 기념비로 러시 아뿐만 아니라 세계 각지의 상징적인 광장에서 오벨리스크를 볼 수 있다.

하바롭스크 콤소몰스카야 광장의 우스뻬니아 보즈에이 마테리 성당으로 하바롭스크의 중심 도로인 무라비예프 아무르스키 한쪽 끝에는 레닌 광장이, 그리고 또 다른 한쪽에는 이 광장이 자리하고 있다. 1917년 혁명 이전에는 성당 광장으로 불리다가 혁명 이후 소비에트 정부가 성당을 부셔버렸는데 2001년 원래 자리에 복원되어 지금의 콤소몰스카야 광장으로 부른다.

하바롭스크 무라비예프 아무르스키(1809~1881) 동상. 동시베리아의 초대 총독이자 하바롭스크를 처음 개척한 장군으로 모스크바에서 블라디보스토크로 이어지는 대륙횡단 철도 건설을 처음으로 계획한 인물이다. 청·러의 '아이훈 조약'을 체결하여 하바롭스크를 러시아령으로 귀속시켜 하바롭스크에서는 영웅적인 존재다. 아래에 있는 빼곡한 글을 번역하면 '1854~1855년에 아무르 강 탐험에 참여했던 사람들의 명단이 적혀 있다.'

하바롭스크Khabarovsk ~이르쿠츠크Irkutsk
3,338km 60시간 57분

모스크바 시간 7시 55분, 하바롭스크 시간 14시 55분에 하바롭스크 기차역을 출발해 2박3일간 기차 안에서 생활하다 보면 내일 모레 저녁 이르쿠츠크 기차역에 도착한다.

우리가 타고 가는 시베리아 횡단열차는 하바롭스크 기차역에서 출발해 8,523km를 6일하고 3시간 08분 동안 달려 크고 작은 기차역 151개를 지나 모스크바 야로슬라브스키 기차역에 도착하는 기차인데, 우리는 중간의 이르

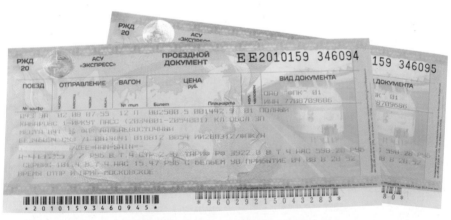

하바롭스크~이르쿠츠크 3등칸 쁠라치까르타 기차표. 4,025.7루블로 1달러에 31.86루블이니 126.36달러다.
1달러를 1,137원으로 환산하면 143,671.32원이다.

쿠츠크에서 내리게 된다. 우리가 시베리아 횡단열차 여행을 마칠 때 내릴 역이 바로 야로슬라브스키 기차역이다.

이번 여행을 시작하면서 러시아 철도청 사이트에 들어가 시베리아 횡단열차 기차표를 예매하려고 하니 기차표가 없거나, 아니면 내가 경험했던 것보다 비싼 가격으로 나와 그만두었지만, 러시아 사람들이 많이 움직이는 한여름에도 약간의 불편함만 감수하면 러시아

하바롭스크~모스크바 행 시간표가 빼곡히 적혀 있다.

를 포함한 옛 소련 열다섯 공화국의 기차표는 걱정 안 해도 된다.

시베리아 횡단열차 여행을 계획하는 여행자들이 가장 두려워하는 것은 살벌하리만큼 무섭게 느껴지는 경찰 못지않게 기차표를 구입하는 것이다. 하지만 우리나라 기차역 매표소처럼 시원스럽지는 않아도 어려워할 이유도 없다.

드넓은 러시아의 기차역과는 달리 매표소는 전당포처럼 생긴 자그마한 입구에 어떤 창구는 답답하리만큼 쇠창살까지 있어 우리 정서에 어울리지 않고, 거기에다 언제나 길게 줄을 서야 하며 러시아어 외에는 통하지 않아 망설일 수밖에 없지만 자신 있게 하면 된다.

마침 시베리아 횡단열차 안에서 내 생일을 맞았다. 정성스럽게 차린 생일

뻬치카의 따뜻한 물로 차와 커피, 죽과 라면을 데워서 먹는다.

시베리아 횡단열차 여행을 하다 보면 윗옷을 벗은 러시아 사람들을 자주 만나게 된다. 이르쿠츠크로 가는 기차 안에서 만난 볼레라와 콘스탄틴.

젊은 청년들

상 대신 더 의미있는 여행으로 생일을 보냈다.

　미안한지 아내가 한 마디 건넸다.

　"여보! 미역국을 먹어야 하는데 여기선 어쩔 수 없으니 러시아 수프로 대신할 수밖에."

　오랜 세월 옛 소련 열다섯 공화국과 그 밖의 나라들을 여행하면서 그곳에서 생일을 보낸 것이 허다하니 사실은 무덤덤하지만, 그래도 마음 한구석에는 김이 모락모락 나는 하얀 밥에 소고기 한 점이 생각나는 것은 사실이다.

　요술처럼 생긴 의자 침대칸이라 의자를 펴서 침대로 만들고, 시트를 깔고, 우리 부부도 눕는다.

　베이징을 출발해 몽골 울란바토르를 거쳐 모스크바로 향하는 몽골리안 루

아침에 일어나보니 막무가내로 기차 안을 휘젓고 다니며 밤새 울던 3살짜리 고집불통 앙겔리나가 없었다.

세수와 양치질, 화장실에 쓸 물을 보충하고 있다.

시베리아 횡단열차 플랫폼 매점. 맥주, 물, 아이스크림, 빵을 판다고 적어 놓았다.

울란우데 기차역에서

트인 시베리아 횡단열차 울란우데 기차역에서 몽골, 러시아, 중국 사람들이 무리지어 올라왔다. 일반사람이든 보따리 무역을 하는 사람이든 한 사람당 무지막지하게 큰 짐을 서너 개씩 가지고 탔다. 그 많고 커다란 짐들도 어느새 정리되어 자기 자리를 잘도 찾아가건만, 우리 인생사는 갈팡질팡한다.

8월 초순이지만 잠잘 때 기차 안이 선선해서, 2011년 비슷한 시기에 실크로드를 여행하면서 더위에 고생했던 것에 비하면 천국이다. 사람들도 북적

거리지 않고, 동해를 출발하면서 음식 걱정을 많이 했는데 어려움 없이 러시아 음식도 입에 맞아 다행이다. 아내도 서서히 적응해 가고 있다. 특히 러시아 시골 농가에서 삶아온 담백한 달걀이 맛있단다.

자식에게 만 권의 책을 사주는 것보다 만 리를 여행시키는 것이 더 유익하다는 중국 속담처럼, 여행을 하면서 도움이 될 것 같아 A4 용지로 100여 페이지 분량의 시베리아 횡단열차와 우리가 머무는 곳의 역사와 문화를 정리해 왔다. 해당 지역을 지나며 읽어 내려가니 머리에 쏙쏙 들어온단다.

기차 안에서 열심히 공부하는 심여사.

이르쿠츠크 Irkutsk

모스크바 시간 20시 52분, 이르쿠츠크 시간 1시 52분 새벽에 이르쿠츠크 기차역에 내리니 또 비가 부슬부슬 내린다. 광활한 대륙에 하필이면 우리가 가는 곳에 비가 따라다닌다.

이르쿠츠크가 모스크바보다 5시간 빠르다.

곧장 기차역 2층에 있는 꼼나띄 옷띄하로 올라가니 모든 방이 만원이다. 비가 내리는 새벽 시간에 저렴한 게스트하우스를 찾아 배낭을 메고 시내로 들어가는 것이 보통 번거로운 일이 아니고, 그보다 더 신경 쓰이는 것은 낯선 곳에서 캄캄한 새벽에 대중교통인 버스나 트람바이가 아닌 택시를 타는 것은 때론 예상치 못한 위험을 초래할 수 있어 예민해진다.

이르쿠츠크 기차역

우리 부부는 여행을 시작한 블라디보스토크부터 러시아의 대중교통인 트람바이를 주로 타고 다녔다. 우리 나라 버스보다 널찍하고 시원해서 좋고 가끔 너무 천천히 달리기도 해 오히려 주변을 돌아다니며 볼 수 있는 최상의 대중교통이다.

　곧바로 기차역 바로 앞 제일 먼저 눈에 들어온 호텔로 가서 배낭을 내려놓은 시간이 이르쿠츠크 시간으로 새벽 3시가 넘어 양치질만 하고 침대에 누웠다. 호텔 안내 아가씨한테 새벽에 들어왔으니 저녁 때 체크아웃을 해도 문제없느냐 하니 그러란다.

　기분이 이상해서 오비르 영수증이 있느냐 하니 없다고 한다. 그럼 당연히 호텔 영수증도 없는 것이고 내가 알아서 처리해야 하는데, 러시아 최고의 관광명소인 이르쿠츠크지만 오비르 영수증이 없다고 해서 안심할 것은 아니다.

　러시아를 여행하면서 제일 까다롭고 신경 쓰이는 부분이 바로 오비르다. 이르쿠츠크를 찾는 상당수의 여행자들이 바이칼 호수의 아름다움에 반해 시베리아 남동부를 흐르는 앙가라 강은 전체 길이 1,779km, 예니세이 강의 지류로 바이칼 호수에서 흐르기 시작한다. 바이칼 호수의 리스트랸카에서 흐르기 시작해 북쪽으로는 이르쿠츠크와 브라츠크를 통과해 일림 강과 합류한 뒤 서쪽으로 흘러 스트렐카 근처에서 예니세이 강에 합류한다.

이르쿠츠크 트리니티(삼위일체) 교회

이르쿠츠크는 동시베리아의 행정, 문화, 경제의 중심지로 러시아 동남쪽, 바이칼 호수 서쪽에 있는 상공업 도시로 1652년에 코사크 부대가 앙가라 강 하류에 세운 야영지가 시초다. 15세기 말부터 20세기 초까지 러시아 중앙부에서 남방 변경지대로 이주하여 자치적인 군사공동체를 형성한 농민집단 또는 군사집단을 카자크 또는 코사크라 하는데 터키어로 '자유인'을 뜻한다.

1686년까지만 해도 작은 도시였지만 17세기 말부터 중국과 몽골의 교역로의 중심지로서 모피와 금 거래가 활발하였고, 제정 러시아의 시베리아 총독부가 있었으며 제정시대에는 18세기 초부터 정치범의 유형지로도 유명하였다.

데카브리스트, 즉 12월혁명을 주도한 제정 러시아의 젊은 장교들은 프랑스 대혁명과 같은 꿈을 꾸었지만 당일날 600여 명의 장교들 모두 체포되어 주동자 5명은 교수형으로 처형되고 나머지는 노예 신분으로 전쟁에 강제로 투입되거나 시베리아로 추방되는 도중 대부분 폭풍에 죽고 일부분만 이르쿠츠크에 도착해 험난한 삶을 마쳤다.

중앙정부로부터 추방당한 사람들의 유배지였던 도시지만 고목이 울창한 거리는 많은 목재 전통 가옥들이 아직도 남아 있어 '시베리아의 파리'라고 불리는 이르쿠츠크는 러시아 정교회 대주교좌가 놓여 있고 극장, 오페라 등 문화 시설의 건축물은 시베리아에 억류된 일본인에 의해 지어진 것이 많다.

1803년부터는 시베리아 총독부, 1822년부터는 동시베리아 총독부가 있었으며, 1898년 시베리아 철도가 들어선 후 극동지역과 우랄지역, 중앙아시아를 연결하는 시베리아 동부의 교통 요충지로 발돋움했다.

오비르 챙기는 것을 깜박하는데, 늘 염두에 두어야 한다.

우리는 시베리아 횡단열차 여행을 준비하면서 침대칸은 1등칸이나 2등칸이 아닌 3등칸을 타기로 했다. 보통 25개의 객차 한 량에 9개의 칸으로 나누어져 있는데 1등칸인 룩스는 좌우 2개의 침대가 있고 모두 18명이 잠을 자며 문을 닫을 수 있다. 그리고 2등칸인 쿠페는 좌우 상하 4개의 침대에 모두 36명이 잠을 자고 역시 문을 닫을 수 있으며 1,2등칸 모두 옆으로 길게 복도가 나 있다.

반면 3등칸인 쁠라치까르타는 창가의 상하 2개, 좌우 상하 6개를 포함해 8개의 침대로 되어 있지만 잠은 한 칸에 6명, 모두 54명이 잘 수 있으며 문이 없는 개방형이라 답답하지 않고 시원해서 오히려 여행하기가 편하다. 좌우 맨 위쪽에 있는 침대 두 개는 침대로 쓰지 않고 담요나 짐을 올려놓는 공간으로 활용하고 있다.

지금까지 계속 3등칸을 탔는데 한 번쯤 1등칸이나 2등칸을 타자고 했으나 너무 비싼 1등칸은 엄두를 내지 못하고 2등칸을 타 보기로 했다. 노보시비리스크까지 2등칸을 끊었는데 침대칸이 서로 떨어져 있었다. 한 칸은 아래쪽, 또 다른 한 칸은 위쪽이다. 2등칸을 탄 것으로 만족하고 각자 떨어져 자야 한다.

9,288km의 시베리아 횡단열차를 타고 여행을 하면서 러시아 사람들이든 외국 여행자든 만약에 한 곳을 들른다면 이구동성으로 이르쿠츠크에서 내린다고 말한다.

시베리아 횡단열차 2등칸 내부. 시
베리아에서 가장 중요한 교통수단
인 철도가 처음 개설된 것은 1895년
으로 1935년경에는 기차에 화장실이
없었다.

이르쿠츠크는 1908년 시베리아 횡단열차 건설을 기념하기 위해 제정 러시아 황제 알렉산드르 3세의 동상을 세웠다. 형 니콜라이가 결핵으로 요절해 차남으로 태어난 알렉산드르 3세가 황태자에 올랐다. 로마노프 왕조의 가장 보수적인 황제인 알렉산드르 3세는 평화 불간섭주의 정치를 하면서 범슬라브주의를 채택해 중앙아시아에 진출을 기도하여 영국과 대립하고, 곡물 관세 문제로 독일과 분쟁이 일어나 그로 인하여 비스마르크와 사이가 나빠졌다. 1894년 프랑스와 동맹을 맺고 프랑스의 자금을 끌어들여 시베리아 횡단철도를 놓기 시작했으며 폴란드인과 유대인을 압박하고, 강력한 경찰정치를 한 알렉산드르 3세의 동상은 러시아 혁명이 일어난 뒤에 철거되고 1960년 오벨리스크가 세워졌지만 2003년 10월에 원래의 알렉산드르 3세의 동상을 복원시켰다. 정면에는 러시아의 문장인 쌍두 독수리가 있고 뒷면에는 19세기 러시아의 정치가이자 농노 해방에 반대하고 혁명운동을 잔인한 방법으로 진압한 시베리아 총독이자 백작이었던 무라비예프의 얼굴이 있다. 이르쿠츠크에 머무는 내내 날씨가 잔뜩 흐려 아쉬웠다.

왜냐하면 2,500만 년의 비밀을 간직하고 있는 황홀할 만큼 아름다운 바이칼 호수 때문이다. 세계 최대의 담수호에 살고 있는 연어와 비슷한 물고기 오물과 체질의 절반 이상이 지방으로 햇볕에 나오기만 하면 버터처럼

녹아 버리는 반투명 물고기 골로미얀
카가 유일하게 살고 있는 바이칼 호수
를 보기 위해 봄 여름 가을 겨울 일
년 내내 이르쿠츠크를 찾는 사람들로
가득하니 이 정도의 침대칸은 다행으
로 생각한다.

이르쿠츠크 지역(향토) 박물관은 1782년에 설립
된 러시아에서 두 번째로 오래된 박물관으로 중
앙아시아와 시베리아 지역의 역사와 자연에 관
한 자료 35만여 점이 소장되어 있다.

중앙아시아 사람들의 문화에 관한 자료 35만 점
중 25만여 점이 희귀한 것으로 선사시대부터 현
재까지 시베리아의 역사를 살펴볼 수 있는 구석
기와 신석기 시대의 무기와 요리 도구를 비롯해
서 광범위한 광물, 식물, 동물과 조류 표본 등이
있다. 시대별 의복도 볼 수 있고 중국, 티베트,
몽골 등의 유물들에서 불상과 불교 의식 도구
등도 볼 수 있다. 시베리아, 극동, 캄차카, 한국,
중국, 몽골 등 민속학 수집품 등도 약 3만 점과
18~19세기 중국 서적 440여 권도 있다. 1879년
대화재가 발생해 도서관 건물이 소실되자 시민
들의 성금으로 1883년 이슬람 양식의 새로운 박
물관 건물을 지었다.

이르쿠츠크 오홀로코브 드라마 극장

이르쿠츠크 A. Vampilov 동상

이르쿠츠크 십자가(스파스카야) 교회는 1706~
1710년 사이에 벽돌로 지어진 건물로 이르쿠츠크
와 동시베리아에서 가장 오래된 건물이다.
19세기 중반에는 지붕에 첨탑이 있는 50m 높이의
종탑을 세웠고 교회 외벽에는 프레스코 화법으로
그린 벽화가 있다.
옛 소련 시대에는 영화 기구를 수리하는 장소로
쓰였으며, 1982년 이후에는 향토 문화를 교육하는
박물관으로 사용하였다. 지금은 시베리아 소수 민
족들의 생활상을 엿볼 수 있는 시베리아에서 자라
는 동물들과 수공예품들이 전시된 박물관으로 쓰
인다.

이르쿠츠크 예술박물관

이르쿠츠크 청사

이르쿠츠크 전쟁기념비

이르쿠츠크 오르간 홀

이르쿠츠크 그리스도(구세주) 교회

이르쿠츠크 앙가라 강가에 서 있는 심여사 앞에 누군가 써놓은 글을 번역해 보니 내가 아내에게 하고픈 말을 대신 해 준다. '나의 햇빛 밝은 고향이여 사랑한다. 너는 나한테 소중하다. 너의 국민 2012년 5월 11일'

이르쿠츠크 보고야브랜스키 성당

이르쿠츠크 서울식당 간판

이르쿠츠크의 미녀가 계속해서 나를 바라보는 이유는?

이제는 러시아 기차역 안에 뷔페식당이나 카페테리아가 많이 생겨나 입에 맞는 음식을 골라 먹을 수 있어 입맛 까다로운 여행자들도 어려움이 없다. 뷔페식당에서 아침 겸 점심을 먹고 앙가라 강을 따라 걷다 보니 커다랗게 쓰인 서울식당 간판이 보인다.

순댓국이나 청국장까지는 그렇다 치더라도 머나먼 이르쿠츠크에서 한국음식을 먹을 수 있다는 기대감에 들어가 보니 한국음식은 아무것도 없고 현지 음식이 주 메뉴였다. 간판만 서울식당이다.

메뉴판을 가지고 온 러시아 아가씨한테 물었다.

"아가씨! 식당 이름이 서울인데 메뉴에 한국음식은 왜 하나도 없어요?"

아가씨가 하는 말이 식당 주인이 요즘 전 세계적으로 유행인 한류 바람을 따라 이름만 서울로 했단다.

어찌되었건 기분만으로 배불리 먹은 셈이다.

이르쿠츠크Irkutsk ~노보시비리스크Novosibirsk
1,842km 30시간 53분

노보시비리스크까지 가는 기차는 이르쿠츠크 기차역에서 모스크바 시간으로 오늘 저녁 21시 29분에 출발하지만 이르쿠츠크 시간으로는 내일 새벽 2시 29분에 출발한다. 노보시비리스크까지 2박3일, 1,842km를 30시간 53분을 달려 모스크바 시간으로 8월 7일 새벽 4시 22분에 도착한다. 노보시비리스크가 모스크바보다 3시간 빨라 노보시비리스크 기차역에는 7시 22분에 도착한다.

이르쿠츠크~노보시비리스크 2등칸 쿠페 기차표. 4,948.9루블로 1달러에 31.86루블로 계산해 155.33달러다. 1달러 1,137원으로 환산하면 176,610.21원이다.

이르쿠츠크 기차역에서 새벽에 노보시비리스크로 출발하는 기차를 기다리는 심여사.

우리가 머문 호텔 뒤 공터에서 샤슬릭 굽는 냄새가 진동을 했다. 옛 소련 연방공화국 어느 곳을 가나 상술이 좋은 우즈베크인이 운영하는 타슈켄트 식당이다.

"АССАЛОМУАЛАЙКУМ(앗살라말라쿰)!"

우즈베키스탄 말로 "안녕하세요!"라고 인사를 하면서 양고기 샤슬릭을 주문하니 이네들 눈이 휘둥그레진다. 자기 고향은 우즈베키스탄 사마라칸트라면서 사마라칸트를 아느냐고 묻는다. 우리도 우즈베키스탄 사마라칸트를 여행했다고 하니 반신반의하는 눈치였다. 그래서 맘먹고 한 마디 건네니 주인이 깜짝 놀란다.

나도 중앙아시아가 제2의 고향으로 사마라칸트는 스무 번 정도 다녀왔다고 하자, 두 눈이 황소 눈만큼 커지면서 도무지 믿기지 않은 모양이다. 믿든

말든 사실인데 어쩌랴!

그건 그렇고 오랜만에 따끈따끈한 양고기 샤슬릭에 생맥주 한 잔 하고 호텔을 나와 이르쿠츠크 기차역에서 기차가 오길 기다렸다.

2등 침대칸 쿠페는 9개의 침대칸으로 한 칸에 4명, 모두 36명이 잠을 자는데 우리는 기차에 오르면서 각자 침대에 바로 시트를 깔아놓았다. 그런데 내 침대칸의 4명 중 한 남자가 이르쿠츠크에서 내렸는데, 우리 칸을 담당하는 역무원 아줌마가 그만 착각을 하고 방금 깔아놓은 내 침대 시트를 걷어가 버렸다.

역무원 아줌마한테 왜 침대 시트를 걷어 갔느냐고 하자 잠시 생각하더니, 아내의 침대칸에 할아버지 한 분이 다음 역에서 내리니 같은 칸을 쓰란다.

횡재한 기분이었다.

아내와 떨어져 자야 할 상황인데 역무원 아줌마의 실수로 1등 침대칸 룩스보다 더 좋은 2인 침대칸에서 기분좋게 자게 되었다. 2인실 37번과 38번 침대칸은 일반 손님보다는 역무원들이 교대로 잠을 자는 예비 침대칸으로 사용하는 경우가 많은데, 이유야 어찌되었든 역무원 아줌마의 뜻하지 않은 실수로 우리 둘만 조용히 잘 수 있게 되었다.

우리는 동시베리아에서 서시베리아로 이동 중인데 이르쿠츠크를 포함한 알타이 지역은 시베리아에서 가장 녹음이 우거진 곳이다. 시베리아 횡단열차를 타고 여행하는 동안 가장 풍성한 러시아 시골 마을의 풍요로움을 만끽할 수 있는 시베리아 위를 달리고 있다.

시베리아 횡단열차는 러시아의 단일 철도망으로 블라디보스토크에서 모스크바까지 또는 모스크바에서 블라디보스토크까지 9,288㎞로 세계에서 가장 긴 철도이며 옛 소련의 경제, 군사, 정치사에서 매우 중요한 역할을 해 왔다.

아시아 대륙 동쪽의 끝 블라디보스토크에서 출발해 하바롭스크, 치타, 울란우데에서 바이칼 호수를 남으로 끼고 돌아 이르쿠츠크와 크라스노야르스크, 노보시비리스크, 옴스크, 예카테린부르크를 거쳐 우랄산맥을 넘어 폐름, 야로슬라블, 러시아의 수도 모스크바까지 이어진 철도다.

지구 둘레의 4분의 1에 가까운 거리로 지나가는 크고 작은 역 161개로 주요 역만 60개 전후로 블라디보스토크에서 N001, 모스크바에서 N002 로시야 기차를 타고 철도만으로 꼬박 6박7일을 여행하는 동안에 시간대가 일곱 번이나 바뀐다.

1850년 극동지방의 군사적 의의의 증대와 식민정책과 대중국무역 등을 목적으로 계획되어 1887년에 조사를 시작해 1891년부터 다음해에 걸쳐 착공하였고 러시아 우랄산맥 동부의 첼랴빈스크에서 블라디보스토크까지 약 7,400km를 연결하는 대시베리아철도가 1905년에 완공되었으며, 1916년에 시베리아 횡단철도 전 구간이 개통되었다.

1891년 차르 알렉산드르 3세의 구상에 따라 착공된 시베리아 횡단철도는 서쪽의 모스크바와 동쪽의 블라디보스토크를 비롯해 중부 시베리아 철도와 바이칼 횡단철도 등 동시에 건설작업이 진행되어 25년 만에 완공되었다.

시베리아 횡단철도의 개통은 광대한 지역을 개발하여 정착, 산업화할 수 있는 길을 열어 시베리아 역사의 일대 전환점이 되었고, 이 철도가 건설되면서 자원의 보고인 시베리아 개발이 본격적으로 진행되어 철도를 중심으로 대도시가 건설되었다.

러시아 철도는 광활한 영토에 필요한 군사적·경제적 이동 수단으로서 발전하여 그 길이가 자그마치 총 14만km에 이르러 러시아를 세계 최대의 철도 왕국이라 부른다.

기차를 타고 가면서 만나는 러시아 시골 마을

노보시비리스크 Novosibirsk

모스크바 시간 4시 22분, 노보시비리스크 시간 7시 22분에 새로운 시베리아인 노보시비리스크 기차역에 도착했다.

'노보'는 러시아 말로 '새롭다'라는 뜻이다.

노보시비리스크가 모스크바보다 3시간 빠르다. 시 남쪽에서 30km 떨어진 곳에 철도공업학교, 전기기술학교, 의과대학, 농과대학, 교육대학 등 많은

노보시비리스크 기차역

№					
258	АНАПА-ТОМСК	01-46	49	02-35	По чётным с 09.06 по 01/10.12г. (31,2,4,6,8,10)
605	НОВОСИБИРСК-НОВОКУЗНЕЦК	-	-	18-21	По чётным с 28/05.12г. (30,1,3,6)
	ПРИБЫВАЮЩИЕ В НОВОСИБИРСК				
7	ВЛАДИВОСТОК-НОВОСИБИРСК	19-23	-	-	По нечётным с 31/05.12г. (31,2,4,6,8,10)
26ф	МОСКВА-НОВОСИБИРСК «СИБИРЯК»	15-40	-	-	По чётным с 30/05.12г. (30,1,3,6)
77	НЕРЮНГРИ-НОВОСИБИРСК	12-56	-	-	По нечётным с 30/05.12г. (30,1,3,6)
83ф	КРАСНОЯРСК-НОВОСИБИРСК «николай никольский»	04-12	-	-	По нечётным с 31/05.12г. (31,6)
85ф	КРАСНОЯРСК-НОВОСИБИРСК «КРАСНЫЙ ЯР»	06-21	-	-	По чётным с 28/05.12г. (30,1,6)
88ф	ОМСК-НОВОСИБИРСК «ИРТЫШ»	03-53	-	-	Ежедневно с 28/05.12г.
104	БРЕСТ-НОВОСИБИРСК	08-48	-	-	Пятница с 01.06, 1 г.
114	БРЕСТ-НОВОСИБИРСК	08-48	-	-	Вторн. с 05/.06. 12г.
124	БЕЛГОРОД-НОВОСИБИРСК	06-35	-	-	По чётным с 30/06 12г. (30,1,3,6)
140	АДЛЕР-НОВОСИБИРСК	07-09	-	-	Беж.в 12г.7/06 в 03.06,с 29,06,12г.30,1,6
254	СИМФЕРОПОЛЬ-НОВОСИБИРСК	10-27	-	-	Среда, Воскресенье с 30.05 по 02.09.12г.
302	АЛМАТЫ-НОВОСИБИРСК	06-06	-	-	По чётным с 28/05.12г. (30,1,6)
326	АЛМАТЫ-НОВОСИБИРСК	02-41	-	-	По нечётным с 25/05.12г. (31,2,4,7)
364ф	НОВЫЙ УРЕНГОЙ-НОВОСИ...	10-15	-	-	По чётным с 30/05.12г. (30,1,3,6)
370	ТАШКЕНТ-НОВОСИБИРСК	06-06	-	-	1,7,11,13,17,19,21,24,25,26,28,29,30,31,02-03,...
390	БИШКЕК-НОВОСИБИРСК	06-06	-	-	1,7,11,13,17,19,21,24,25,26,28,29,30,31,04-03,...
602	БИЙСК-НОВОСИБИРСК	03-50	-	-	Ежедневно с 28.05.12г.
604	СЛАВГОРОД-НОВОСИБИРСК	02-20	-	-	Понедельник, Среда, Пятница с 30/05 по 05.09.12г.
606	НОВОКУЗНЕЦК-НОВОСИБИРСК	03-17	-	-	По чётным с 28/05.12г. (30,1,3,6)

교육기관들이 모여 있고, 1959년에 설립된 국립 노보시비리스크대학교와 특히 우리나라의 카이스트에 해당하는 아카뎀고로도크에서 배출한 화학, 생명공학, 물리, 사회과학 과학자들이 러시아의 과학에 일등공신으로 기여한 탓으로 학문의 도시라고도 불린다.

"여행은 무엇보다도 위대하고 엄격한 학문과 같은 것"이라는 카뮈의 말

시베리아 중간에 위치한 노보시비리스크는 서쪽의 모스크바와 동쪽의 바이칼, 극동의 블라디보스토크를 연결하는 중간 도시로 시베리아 횡단철도의 중심부 역할을 하는 노보시비리스크 기차역은 증기기관차 모양을 본떠 지었다.

국토 중심에 위치해 교통의 중심지로서 뿐만 아니라 1930년대 중앙아시아로 연결하는 철도 건설로 시간표에 나와 있는 것처럼 현재까지 노보시비리스크와 카자흐스탄의 알마티, 우즈베키스탄의 타슈켄트, 키르기스스탄의 비슈케크로 이어지는 국제 열차가 오가고 있어 중앙아시아 사람들이 눈에 많이 띈다.

기차역 바로 앞에 있는 노보시비리스크 호텔.

황량한 시베리아 한복판에 노보시비리스크라는 도시가 세워진 이유는 시베리아 횡단철도 때문으로 시베리아 횡단철도가 이곳을 지나기 위해서 먼저 오비 강의 다리가 세워지고 후에 도시가 만들어졌다. 1893년 시베리아 횡단철도가 오비 강을 횡단하는 지점에 크리보시체코보라는 마을의 소도시가 생기면서 발달하기 시작했는데, 시베리아 횡단철도 건설 노무자의 작은 숙소로 시작한 마을이 교통의 중심지로 자리잡게 되면서 눈부신 발전을 하였다.

이 마을은 구세프카, 알렉산드로프스키 등 여러 가지 명칭으로 불렸으나 1895년 니콜라이 2세의 즉위를 기념하여 노보니콜라옙스키라고 바꿔 불렀고 1925년 노보시비리스크로 이름을 바꾸었다. 시베리아 개발에 따라 급속한 발전을 하여 시베리아 최대의 공업도시이자 시베리아의 심장으로 노보시비리스크는 도시 인구가 140만 명이 넘는다.

대로 우리는 지금 그 부족함을 여행으로 공부하고 있다.

기차역에 도착해 다음 목적지인 니즈니 노브고로트로 가는 기차표를 사려니 루블이 약간 부족했다. 평균 500달러 정도 환전을 해서 가지고 다녔는데 하필이면 이른 아침에 돈이 좀 모자랐다.

"기왕 환전할 바에 왕창 해놓으면 편할 텐데."

옆에 있던 아내가 한 마디 했다.

블라디보스토크에서 상트페테르부르크까지 여행 경비를 한꺼번에 바꾸어 놓았으면 이런 일이 없지 않느냐는 것이다. 그럴 수도 있지만 필요한 만큼 환전하는 것이 습관화되어 있고 루블보다는 달러로 계산하는 것에 익숙해서 그랬는데 이렇게 되었다.

조금 이른 시간이라 은행 문을 열지 않아 기차역 앞에 있는 노보시비리스크 호텔 비즈니스센터에서 좀 비싸게 환전을 했다.

다시 기차역으로 가서 2층에 있는 꼼나띄 옷떠하, 지금은 깨끗이 수리해 아주 멋진 호텔로 이름이 '역'으로 바뀌었는데, 숙박비를 물어보니 노보시비리스크 호텔만큼이나 비쌌다. 2박3일 간 기차 안에서 보내느라 몸에서 야릇한 냄새가 나는 것 같기도 하고 모양새가 말이 아닌데 기차표를 사려고 길게

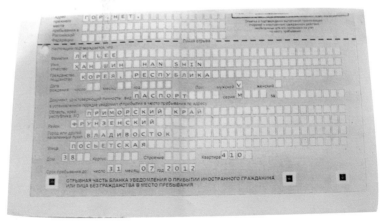

노보시비리스크 센트럴 호텔 오비르

노보시비리스크 레닌 광장으로 레닌 탄생 100주년을 기념하여 1970년에 세워진 동상.
왼쪽의 세 명은 무명용사. 오른쪽 두 명은 학생이다.

줄을 선 사람들을 보니 맥이 쭉 빠졌다.

기차표 사는 것을 뒤로 하고 우선 샤워부터 해야 할 것 같아 배낭을 메고 비교적 싼 센트럴 호텔로 발걸음을 옮겼다. 체크인을 하면서 3층 방으로 올라가는데 마침 2층에 기차표 판매 대행소가 보였다. 후다닥 샤워를 하고 2층으로 내려와 전자 티켓 두 장을 예매했는데, 티켓 두 장의 대행료가 300루블, 약 10달러였다. 한 장에 5달러, 약 5,500원 정도이니 그리 비싼 편은 아니다.

노보시비리스크 승천 성당

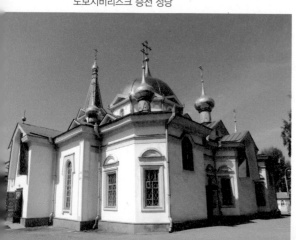

러시아 전역을 여행하면서 본인이 직접 기차표를 끊을 경우에는 문제가 없다. 그러나 러시아어도 영어도 잘 모르는 여행자가 시베리아 횡단열차 여행을 할 때 길게 줄을 서서 기차표를 사는 것보다는 여행사나 대행사에서 구입하는 것도 시간이나 경제적으로 절약할 수 있는 방법이다.

대부분 기차역에서 표를 사지만 시내를 산책하다 보면 러시아 철도청에서 운영하는 판매소가 있다. 여기에서도 기차표를 바로 살 수 있고, 지금처럼 대행사나 여행사에서 기차표를 파는 경우에는 기차표가 아닌 바코드가 찍힌 종이 한 장을 준다.

종이로 된 전자 티켓을 가지고 기차역 안에 있는 환전기에서 기차표로 바꾸면 된다. 기차역 안에 있는 환전기에 전자 티켓에 있는 바코드를 찍어주고 그다음 비밀번호를 입력하면 사람 인원수에 따라 한 장 한 장 기차표가 나온다.

어렵지 않지만 러시아어를 한다면 문제는 없고, 영어를 할 줄 안다면 그나마 다행이다. 혹시나 낯선 종이 티켓을 어떻게 해야 할지 몰라 대부분의 여행자들은 창구에서 일반 기차표로 바꿔 주는 줄 알고 창구로 가면 안그래도 무표정한 역무원 아줌마들한테 한 마디 듣기 십상이다.

"저기 보이는 환전기에서 바꾸세요!"

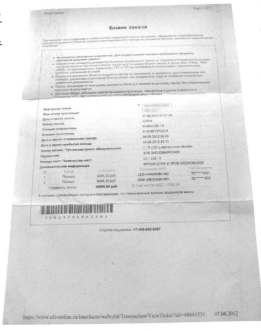

노보시비리스크 인터넷 기차표 예약권

노보시비리스크 필하모니

노보시비리스크 세인트 니콜라스 예배당

1545년 5월 12일에 세워져 1963년 12월 명예의 아카데미 칭호를 얻은 노보시비리스크 국립 오페라 발레 극장의 오페라 발레단은 모스크바의 볼쇼이 극장과 상트페테르부르크의 마린스키 극장과 함께 러시아 3대 오페라 발레 극장 전속 오페라단으로 꼽힌다. 러시아에서 가장 뛰어난 출연진으로 구성된 극장으로 고전 오페라와 발레를 공연한다.

모스크바의 볼쇼이 극장보다 큰 11,837㎡의 총 면적에 294,340㎡ 크기의 규모와 수천 개의 은 도금 타일로 지붕을 덮고 있고 지름 60m, 높이 35m로 유럽에서 최초로 만든 대들보나 지지대 없는 돔은 러시아에서 가장 큰 극장이다.

날씨는 화창한데 그동안 느끼지 못했던 피로감이 몰려왔다.

니즈니 노브고로트까지 이틀간 여행하는 동안 먹을 것을 슈퍼마켓에서 잔뜩 사가지고 호텔로 돌아오는 길에 호텔 바로 옆에 24시간 영업하는 일본 스시바가 보였다. 러시아 어느 곳을 가든 거미줄처럼 깔려 있는 일본 식당이다. 일본 식당뿐만 아니라 중국 식당도 언제 어느 곳에서든 볼 수 있는데, 우리 식당은 언제 그런 날이 오려는지 기다려진다.

20세기 러시아의 유명한 외과의사 유딘 세르게이 세르게이비치의 동상. 옛 소련 의과 아카데미 원장으로 많은 수술 기법을 연구 개발하고 냉전시대에도 서양 국가들로부터도 인정을 받은 명성이 자자한 과학자다.

밥이나 미역국이라도 먹을 수 있을까 싶어 문을 열고 들어가니 석고처럼 딱딱하고 콧날이 날렵한 금발 아가씨가 자리에 앉기도 전에 다가와서 식사 주문을 하면 빨라야 40분을 기다려야 한단다.

기다리다 쓰러질 것 같아 방으로 돌아와 슈퍼마켓에서 사온 걸로 간단히 요기를 하고 침대에 누워 텔레비전을 켜니 온통 런던올림픽 소식이다. 모든 방송이 런던올림픽으로 시끌시끌했다.

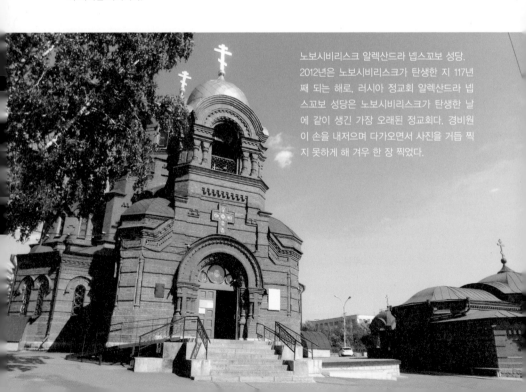

노보시비리스크 알렉산드라 넵스꼬보 성당. 2012년은 노보시비리스크가 탄생한 지 117년째 되는 해로, 러시아 정교회 알렉산드라 넵스꼬보 성당은 노보시비리스크가 탄생한 날에 같이 생긴 가장 오래된 정교회다. 경비원이 손을 내저으며 다가오면서 사진을 거듭 찍지 못하게 해 겨우 한 장 찍었다.

노보시비리스크Novosibirsk ~ 니즈니 노브고로트Nizhny Novgorod 2,902km 40시간 33분

피곤했던지 어젯밤은 침대에 눕자마자 호텔 앞 카페에서 온 동네가 들썩거리도록 틀어놓은 요란한 음악을 자장가 삼아 잠이 들었는데, 그 음악 소리는 아침까지 이어졌다.

누구나 한 번쯤은 엉뚱한 생각을 할 만큼 러시아 아가씨들은 늘씬하고 아름답고 섹시하다. 사실 러시아를 여행해 본 사람들은 남자는 물론 같은 여자

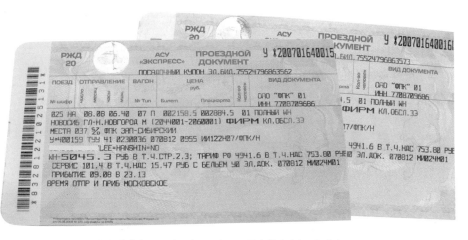

노보시비리스크~니즈니 노브고로트 3등칸 쁠라치까르타 기차표.
5,045.30루블로 1달러 31.86루블이니 158.36달러다. 1달러에 1,137원으로 환산하면 180,055.32원이다.

가 보더라도 대부분 고개를 끄덕일 것이다.

그런데 그 매력적인 아가씨들이 카페나 레스토랑에서 일하는 모습을 보면 대부분 무표정하다. 하지만 퇴근을 할 때는 언제 그랬냐는 듯이 환하게 웃으며 발길을 돌리는데, 그런 미모의 아가씨가 살포시 미소를 지으며 일을 한다면 얼마나 눈부실까!

러시아를 여행할 때마다 느끼는 아쉬움인데, 나만 그렇게 생각하는 건지 모르겠다.

지금까지 열흘간 여행하면서 센트럴 호텔에서 노보시비리스크 기차역으로 가는 택시를 딱 한 번 탔다. 호텔 앞에서 손님을 기다리는 택시가 한 대도 보이지 않아 호텔 안내 아가씨한테 콜택시를 부탁했는데, 10분도 20분도 아니고 1시간이 지나서야 나타났다.

일반 택시가 아니고 호텔에서 전화하면 오는 자가용 택시로 새벽이나 너무 이른 시간도 아닌데 부시시한 모습의 기사가 배낭을 받아 주었다. 3km 떨어진 노보시비리스크 기차역으로 가기 위해 3시간 전부터 준비했으니 다행이지 그렇지 않으면 내 맘대로 할 수 있는 것이 하나도 없는 러시아에서는 미리미리 나서는 것이 상책이다. 비단 이것뿐만 아니라 인간사 살아가면서 준비해도 부족한 것들이 너무 많아 가끔 한숨이 나올 지경인데, 그냥 이것도 다행이다 싶은 마음이다.

러시아를 여행할 때는 아무튼 부지런히 움직여야 하고, 누구의 도움 없이 혼자 러시아나 시베리아 횡단열차 여행을 꿈꾸는 여행자들은 느긋한 마음을 넘어 여유를 다스릴 줄 알아야 한다.

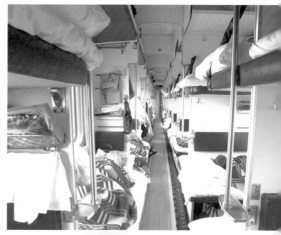

모스크바 시간 6시 40분, 노보시비리스크 시간 9시 40분에 노보시비리스크 기차역을 출발해 모스크바까지 가는 기차를 탔다.

우리는 막심 고리키의 고향 니즈니 노브고로트 기차역에서 내린다. 우리가 향하는 니즈니 노브고로트에는 모스크바 시간 내일 8월 9일 23시 13분에 도착할 예정이다.

우리가 탄 기차는 3등칸이지만 머나먼 극동지역에서 출발하는 1등칸을 탄 것 같이 모든 시설이 새것이고 깨끗했다. 시베리아 횡단열차 전 구간을 타보면 똑같은 등급인데도 눈에 띄게 차이가 난다.

깨끗한 3등칸 기차 안의 모습들.
화장실도 뻬치카도 정말 청결하다.

노보시비리스크를 중심으로 동시베리아나 극동지역 그리고 바이칼 아무르 노선의 3등 침대칸을 타면 말 그대로 3등 침대칸이다. 3등칸답다는 말이 절로 나올 만큼 시끌시끌하고 눅눅한 침

대 시트가 새까맣게 윤이 나지만, 지금처럼 노보시비리스크에서 러시아 서쪽 모스크바로 향하는 기차를 타면 3등 침대칸도 1등 침대칸 못지않다.

이유는 모르지만 어찌되었든 유럽 쪽으로 가까워질수록 고급스런 기차를 타게 되는데, 2014년 2월 소치 동계 올림픽을 계기로 전 러시아 구간이 모두 같아졌으면 좋겠다.

식당칸에서 창밖을 바라보는 심여사. 지금 무슨 생각을 하고 있을까!
시베리아 횡단열차를 타고 가면서 한 번쯤 식당칸에서 식사를 하자 했는데 오늘 저녁을 하기로 했다. 식당칸의 음식이 의외로 비싸기 때문에 한 번의 경험으로 족하지만 커다란 창문으로 자작나무가 끝없이 펼쳐진 시베리아의 러시아 시골 마을을 바라보며 품나게 식사하는 모습은 세상에 무엇과도 비교할 수 없다.
푸석푸석한 쌀밥에 푹 삶은 닭다리 그리고 오이와 피망, 토마토가 섞인 샐러드에 결코 빠질 수 없는 러시아 발티카 맥주와 함께 맛있게 식사를 했다.

기차 안에서 만난 제냐의 가족들. 제냐한
테 한국에서 준비해 간 과자를 선물하니
제냐 엄마가 집에서 정성스럽게 만든 딸기
잼 한 통을 준다.
시베리아 횡단열차를 타고 가는 내내 우리
는 그 딸기잼과 빵으로 입이 즐거웠다.

옴스크 기차역에서 40분간 정차했는데 기차역 플랫폼 냄새가 예전과 달랐다. 시베리아 횡단열차를 타고 가다가 길게는 2시간까지 정차할 땐 물과 석탄 등 채울 건 채우고 버릴 건 버리는 시간인데, 그때 풍성한 러시아 전통음식을 만들어 와 팔던 시골 사람들의 모습을 이번 여행에서는 거의 볼 수 없어 좀 아쉬웠다.

시베리아 횡단열차를 타고 가면서 시골 장터 같은 플랫폼 풍경이 여행자들에게는 색다른 볼거리였는데, 블라디보스토크에서 지금 정차하고 있는 옴스크역까지 그런 장면은 보지 못했다.

니즈니 노브고로트 Nizhny Novgorod

모스크바 시간 23시 13분에 니즈니 노브고로트 기차역에 도착하니 이제는 모스크바와 니즈니 노브고로트의 시간이 동일하다. 블라디보스토크를 출발해 지금까지 자그마치 일곱 시간대를 지나왔는데 만일 대한민국에서 시차가 일곱 시간이 난다면 우리 생활에 어떤 변화가 있을지 자못 궁금하다.

기차역 바로 옆의 꼼나띄 옷띄하로 가서 체크인을 하려고 Korea 여권을 보여 주자 당연하듯이 기차표를 먼저 요구했다. 그럼 그렇지!

기차표를 구하는 것이 정말 만만치 않은 일이다. 0시가 가까운 시간에 아내를 카운터에서 한 발자국도, 화장실도 가지 말고 기다리라 해놓고 잽싸게 기차역으로 달려가, 줄을 길게 서서 기다리는 러시아 사람들을 비집고 들어가 모르는 척하고 서툰 러시아어로 어물쩡 새치기 하듯 기차표를 사왔다.

기차표 사는 것이 러시아에서는 전쟁 수준이다. 시베리아 횡단열차 여행을 하는 동안 머무는 곳을 돌아보는 것보다 기차표 구하는 것과 저렴한 호텔을 찾는 것이 더 번거롭고 힘들다. 직접 표를 사본 여행자들은 고개를 끄덕일 것이다.

일반실이 없어 어쩔 수 없이 특실에 묵었는데 보일러가 고장 나서 차가운 물밖에 안 나왔다. 온수가 나오지 않으니 당연히 샤워도 차가운 물로 해야 하는데, 나야 무덤덤하지만 아내 왈, 내 돈 쓰고 그것도 특실인데 푸대접을 받는다며 입이 쑥 나왔다. 여기는 주인이 왕인 러시안인데 어쩔 수 없다.

배낭을 풀고 차가운 물로 샤워를 마치고 시계를 보니 새벽 1시를 가리킨다. 어쩔 수 없이 기차역 바로 옆 24시간 슈퍼마켓에서 먹을 것을 사와 저녁인지 야식인지 모를 식사를 하고 침대에 누웠다.

니즈니 노브고로트 꼼나띡 옷띠하 오비르

94

니즈니 노브고로트 모스크바 기차역으로 러시아
의 수도 모스크바에는 모스크바 기차역이 없다.
잘 이해가 안 가는 부분이지만 모스크바에는 아
홉 개의 기차역이 있는데 가고자 하는 곳의 이름
을 따서 기차역의 이름을 지었기 때문에 그렇다.
반대로 지금 니즈니 노브고로트처럼 모스크바로
향할 땐 가고자 하는 곳의 이름을 붙여 사진처럼
니즈니 노브고로트 모스크바 기차역으로 부른다.
그래서 모스크바에서 다른 지방으로 이동할 때
경험 있는 여행자들은 오히려 편하게 기차역을
찾을 수 있는 반면, 처음 모스크바를 여행하는 사
람들은 뭐가 뭔지 어리둥절하다. 기차역 왼쪽에
보이는 것이 꼼나띠 옷띄하 건물이다.

니즈니 노브고로트 구시가지의 볼샤야 포크로브스카야 거리에는 다양한 동상들과
옛 소련을 상징하는 카페가 즐비하다.

1221년 러시아의 공작 조지 2세는 예전의 도시 이름은 그대로 놔두고 이전과 구별하기 위해 뉴타운을 의미하는 노브고로트라 붙였다.

'노브'는 새롭다는 뜻이고 '고로트'는 도시라는 의미다.

짧은 기간 동안이지만 수즈달 공국의 수도였고, 1392년 모스크바에 통합되었다.

상트페테르부르크는 머리, 모스크바는 심장, 니즈니 노브고로트는 지갑이라 부를 정도로 19세기 니즈니 노브고로트는 왕성한 번영을 이루었는데 지금은 모스크바, 상트페테르부르크, 노보시비리스크, 예카테린부르크 다음으로 다섯 번째 큰 도시로 볼가 강과 오카 강이 어우러져 흐르는 러시아의 중세 역사가 남아 있는 신비롭고 매력적인 도시다.

크렘린 성터에서 바라 본 오카 강

아름다운 신부

　금요일 오후에 결혼식을 올린 신혼부부들이 크렘린 성터에 몰려들어 오카
강과 볼가 강으로 둘러싸인 니즈니 노브고로트와 아름다운 신부들이 조화를
이뤄 로맨틱한 분위기를 자아냈다.

니즈니 노브고로트 볼가 강. 발트 해, 카스피 해, 흑해를 잇는 내륙 수로의 대동맥으로 유럽에서 가장 긴 볼가 강은 러시아의 축으로 자그마치 길이가 3,690km이며 러시아 서남부를 관통해 세계 최대의 내해인 카스피 해로 흘러간다.

니즈니 노브고로트 크렘린 성은 1219~1221년에 타타르군의 침략에 대비해 유리 돌가루끼 공이 창설한 요새로 크렘린, 수도원, 교회, 성당 등 멋지고 아름다운 고대 모습을 그대로 보존하고 있다. 니즈니 노브고로트의 크렘린은 1508~1511년 사이에 지어진 11개의 탑과 17세기에 폴란드군을 몰아낸 영웅들을 기념하는 고풍스런 성당으로 크렘린 요새는 1520년과 1536년에 타타르의 공격을 견딜 수 있을 만큼 강했다. 레오나르도 다빈치의 스케치와 실제 크렘린의 스케치가 꼭 닮아 레오나르도 다빈치가 참여했다는 전설이 내려온다.

니즈니 노브고로트 크렘린 성 외곽 벽면에 쓰인 글. 고르코브스크 지역에서 제2차 세계대전에 참여한 군부대 번호와 명단으로 공군 사격대, 육군 사격대 등등 빼곡히 적혀 있다.

니즈니 노브고로트 아르헨겔 미하일 성당과 아래 대리석의 전쟁기념비에 적힌 글을 그대로 직역하면서도 선뜻 이해가 안 되는 부분이 있는데 아마도 니즈니 노브고로트의 전쟁에 관한 역사를 알아야 이해할 듯싶다.

니즈니 노브고로트 출신인 가스텔로 장군의 업적을 기리며; 콜리빈, 크로트코브, 리아노브, 파신 등등 이하 명단. 니즈니 노브고로트 출신인 마트로소브 장군의 업적을 기리며; 아크세노브, 바르로브, 타랄루쉬킨, 에스코브 등등 이하 명단. 니즈니 노드고로트 출신으로 영원히 군부대 명단에 오른; 빌코브, 크로마로브, 니키노브 등등 이하 명단.

니즈니 노브고로트의 외관 모습이 독특한 주 은행 건물

니즈니 노브고로트의 막심 고리키 동상으로 1868년에 태어난 러시아 문학의 아버지인 막심 고리키의 본명은 알렉세이 막시모비치 페스코프로 7세의 어린 나이에 부모를 여의고 가난하게 살면서 독학으로 문학을 공부하여 러시아 사회주의 리얼리즘 문학의 창시자가 되었다.

세계적으로 유명한 러시아 작가 막심 고리키의 이름을 따와 1932년부터 1990년까지 니즈니 노브고로트를 고리키 또는 막심 고리키라 부르다 옛 소련 해체 이후 이전의 이름으로 복원되었다.

니즈니 노브고로트에서 러시아 미래를 짊어질 학생들과 함께 사진을 찍으면서 중절모를 쓴 젊은 신사의 손을 잡고 있는 심여사.

니즈니 노브고로트 트람바이 모습으로 까마득하게 잊고 있던 것인데 니즈니 노브고로트에서 오래된 추억이 되살아났다. 트람바이를 타고 중앙시장으로 가는데 축구장에서 주심이 선수에게 옐로우 카드를 보여 주듯 노숙자 같은 차림의 할머니가 버스에 올라타자마자 커다란 배지와 자그마한 신분증을 운전기사에게 획 한 번 보여 주고는 승객들한테 버스표를 보여 달란다. 그러고는 트람바이 티켓 번호표를 한 장 한 장 조사한다. 국가유공자나 노인과 같이 무임승차하는 승객들 속에 그 사이를 비집고 들어오는 얌체 승객들을 가려내는 것인데 걸리면 버스요금의 수십 배를 물어야 하는 모양이다. 우리 같으면 코딱지만한 버스표를 무심코 버리기 십상인데 여기서 그냥 버렸다가는 큰코 다친다. 16루블, 0.5달러, 약 600원 정도 하는 버스표를 러시아 여행을 하면서 습관적으로 가지고 있어 다행이었다. 러시아를 배낭여행하는 사람들은 트람바이에서 내릴 때까지 꼭 쥐고 있다가 버려야 한다. 또 기차표는 가급적 러시아를 벗어날 때 버리는 것이 혹 어떤 문제에 대비할 수 있다.

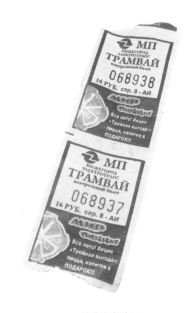

트람바이 버스표

시베리아 횡단열차를 타고 니즈니
노브고로트까지 오느라 잔뜩 먼지가
묻은 신발을 닦고 있다.

니즈니 노브고로트 전쟁기념비로
일 년 내내 꺼지지 않는 불꽃과
함께 결혼식을 마친 신혼부부가
놓고 간 장미꽃들이 화려하다.

니즈니 노브고로트 발레극장

니즈니 노브고로트 _{Nizhny Novgorod}~모스크바_{Moskva}
441km 7시간 39분

어젯밤 니즈니 노브고로트 모스크바 기차역을 22시 50분에 출발해 마음
놓고 한숨 푹 자고 일어나니 기차는 어느새 441km를 7시간 39분 동안 달려
드디어 모스크바 야로슬라브스키 기차역에 아침 6시 29분에 도착했다.

서울~부산과 비슷한 거리지만 지금까지 숨차게 달려온 기차여행에 비하
면 아무것도 아니다. 우리가 생각하는 그 이상의 땅덩어리를 갖고 있는 러시
아에서 이 거리는 이웃집 마실 가는 것 같다.

니즈니 노브고로트~모스크바 야로슬라브스키 3등칸 쁠라치까르타 기차표.
1,396.8루블로 1달러에 31.86루블이니 43.84달러다. 1달러에 1,137원으로 환산하면 49,846.08원이다.

블라디보스토크를 출발해 9,288km를 숨가쁘게 달려와
드디어 모스크바 야로슬라브스키 기차역에 도착했다.

모스크바 Moskva

블라디보스토크를 출발해 유럽에서 인구가 가장 많고 세계에서 네 번째로
큰 도시인 러시아의 수도 모스크바에 도착했다.

1147년부터 러시아 역사의 주요무대로 600년 이상 러시아 정교회의 영
적 구심이 되어 온 모스크바는 냉전 시대에는 세계 공산당의 본부가 있었고,
14세기에서 18세기 초까지는 러시아 제국의 수도였다. 18세기에 상트페테
르부르크로 수도가 옮겨지고 1918년 혁명 이후에 상트페테르부르크에서 모
스크바로 옮겨오면서 1922년 옛 소련의 탄생과 함께 다시 수도가 되었다.

이른 아침 모스크바 야로슬라브스키 기차역에 도착해 곧바로 기차역 2층
에 있는 꼼나띄 옷띄하로 올라가 보니 여자 빈 방은 있지만 남자 빈 방은 없
단다. 남녀가 한 방에 자는 방이 없어서 따로따로 잠을 자야 하는데 남자의
방에 언제 침대가 빌지는 모르겠다고 한다.

바로 옆 레닌그라드스키 기차역 2층으로 가서 물어보니 외국인은 받지 않
는다고 한다. 내 경험상 받긴 받는데 상당히 성가시게 여기는 것 같다. 손님
이 왕이 아니라 주인이 왕인 러시아에 왔으니 어쩔 수 없다.

모스크바 야로슬라브스키 기차역에서는 북쪽으로 향하는 지역과 야로슬라브, 우랄 지역, 몽골, 중국으로 향하는 시베리아 횡단열차의 출발역이다. 블라디보스토크에서 출발하는 기차를 타면 일주일 내내 샤워를 하지 못하는 괴로움과 지루함에서 벗어남과 동시에 가슴 벅찬 감동을 안고 모스크바의 이 역에서 내리게 되는데 대부분의 여행자가 나중에 돌아와 생각나지 않는 역이 바로 야로슬라브스키 기차역이다.

　러시아를 여행하다 보면 여러 곳에서 주인이 왕이라는 것을 실감하게 된다. 러시아 호텔에서 잠을 자려면 손님인 내가 호텔 방을 정하는 것이 아니라 호텔 주인이 손님을 선택한다는 기분이 들 때가 한두 번이 아니다. 주인인 내가 호텔을 만들어 놨으니 당신들이 잠을 잘 수 있지 않느냐며 호텔 주인에게 감사해야 한단다. 침대 시트를 새것으로 갈아줄 때도 그렇고, 온수와 냉수도 호텔에서 정한 기준에 따라야 하고, 호텔 식당에서 아침을 먹을 때도 주어진 것만 먹어야 한다.

　식당도 마찬가지다. 식당의 왕은 손님이 아니라 주인이다. 한국에서 식당의 왕은 당연히 손님이다. 우리도 아현동에서 순댓국 장사를 하지만 러시아의 식당에서는 이런 말을 듣는다. 손님이 많고 적음을 떠나 장사가 잘 되는지 안 되는지는 나중 문제로, 주인인 내가 식당을 차렸기 때문에 손님인 당신들이 먹을 수 있으니 주인인 나한테 고맙다고 해야 한단다. 만일 러시아 식당에서 두 사람이 들어와 순댓국 한 그릇을 시키면 수저를 한 사람 것만 준다. 그 이유를 물어보면 간단하게 한 그릇만 시켰으니 그렇단다.

무한정 주는 우리 문화와는 달리 심지어 식당에서 물도 사 먹어야 하고, 커피를 주문해 설탕을 더 원하면 따로 돈을 내야 하는데, 러시아뿐만 아니라 보통 우리보다 선진국이라는 유럽의 일부 국가도 마찬가지다. 우리가 생각하는 상식과는 너무 다르지만 뒤집으면 이 말도 맞다. 넓은 세상에서 내가 알고 있는 것이 늘 진리라고 믿는 것이 얼마나 좁은 생각이고 우스꽝스러운 것인지 모른다.

1층으로 내려와 상트페테르부르크로 가는 기차표를 사려고 하니 역무원 아줌마가 1,2등석만 여기서 팔고 3등석 기차표는 쿠르스키 기차역으로 가란다. 러시아를 여행할 때마다 느끼지만 참으로 번거롭다.

2011년 실크로드와 중앙아시아를 여행하고 우즈베키스탄의 타슈켄트에서 모스크바로 국제 열차를 3박4일간 타고 발트3국 여행을 시작하면서 에스토니아 탈린으로 갈 때도 이 역에서 표를 샀다.

이번엔 레닌그라드스키 기차역 건너편에 있는 카잔스키 기차역으로 지하도를 건너 혹 그곳에는 방이 있을까 해서 갔더니, 문을 열어 주기는커녕 초인종을 눌러도 응답이 없다. 잠을 자지는 않을 텐데 CCTV로 보면서 외국인 배낭여행자라 귀찮아서 그런 건지 아무리 눌러도 응답이 없었다.

모스크바 레닌그라드스키 기차역에서는 모스크바와 상트페테르부르크를 연결하는 노선이지만 3등석은 쿠르스키 기차역으로 가야 한다. 러시아의 유명한 기차 중 하나인 붉은 화살호가 다니는 노선으로 에스토니아 탈린, 핀란드 헬싱키, 러시아의 북서쪽으로 향하는 표를 판다.

모스크바의 야로슬라브스키, 레닌그라드스키, 카잔스키 세 곳의 기차역은 콤소몰스카야 지하철역을 사이에 두고 삼각형 모양을 이루고 있다. 남편 따라 기차여행을 하는 것도 버거운데 배낭을 메고 세 군데 기차역을 오가느라 아내는 무척 힘들어했다. 안쓰러웠다.

다시 지하철을 타고 쿠르스키 기차역으로 가서 2시간을 기다린 끝에 이틀 후에 출발하는 상트페테르부르크 3등칸 쁠라치까르타 기차표 두 장을 샀다. 옛날에 우리나라 명절 때 귀성 열차표를 사려고 서울역 광장에 구름떼처럼

모스크바 카잔스키 기차역에서는 카잔, 우파, 사마라, 로스토프, 볼고그라드와 같이 남동쪽으로 가는 지역
과 시베리아와 중앙아시아 지역으로 향하는 곳으로 주로 볼가 지역의 표를 판다.

몰려든 광경을 방불케 했다. 정말로 전쟁 수준이었다.

　모스크바에는 아홉 군데 기차역이 있다. 그 기차역 이름은 가고자 하는 지역의 이름을 붙여 처음에 모스크바를 여행하면서 직접 기차표를 살 때 어지럽지만 의외로 간단하게 구입할 수 있다. 그래서 모스크바에는 모스크바 기차역은 없고 다른 도시를 여행할 때나 볼 수 있다.

　우리가 모스크바에 오기 전에 여행했던 니즈니 노브고로트의 모스크바 기차역에서 모스크바에 온 것이며, 모스크바 여행을 마치고 다음 여행지인 상트페테르부르크까지 기차를 타고가서 내릴 역 이름이 상트페테르부르크 모스크바 기차역이다.

쿠르스키 기차역에는 모스크바에서 남쪽으로 190km 떨어진 조그마한 마을인 야스나야폴랴나로 가는 특급열차가 있는데 1828년에 태어나 1910년 82세의 나이로 세상을 떠난 레프 톨스토이의 생가와 묘지가 있는 곳이다. 톨스토이는 한때 꽤 심각한 노름꾼으로 그는 일기에 '모든 것을 잃어버렸다. 야스나야폴랴나 저택을 나는 더 이상 쓸 수가 없다. 나 자신에게 구역질이 나서 나의 존재를 잊어버리고 싶을 정도이다'라며 노름에 빠진 자신에 대해 괴로워했던 그의 장편소설 '전쟁과 평화'에서 헐벗은 산으로 묘사된 곳이다.

　이제는 기차역에 있는 꼼나띄 옷띄하는 포기하고 저렴한 호스텔을 찾기로 마음먹었다. 우선 쿠르스키 기차역 근처에 있는 호스텔을 찾았다. 기차역에서 배낭을 메고 15분 정도 걸어서 트랜스 시베리안 호스텔에 가니 방도 만원이고 예약을 하지 않아 방이 없었다.

　다시 20분 정도 걸어 나폴레온 호스텔로 가는데, 우리 옆을 지나가던 인심 좋아 보이는 할머니가 좋은 호스텔이 있다며 안내해 주겠단다.

　"모스크바에 여행 오셨슈!"

모스크바 리쥐스키 기차역은 라트비아 리가와 러시아의 북서쪽으로 향하는 기차역으로 이번 여행에서 칼리닌그라드를 돌아보고 발트 3국의 라트비아 리가에서 모스크바로 올 때 이 역에서 내렸다.

빠벨레츠키 기차역에서는 볼가 강 유역의 도시들인 볼고그라드, 아스트라한 등의 표를 구할 수 있다.

사브요로브스키 기차역은 코스트라마, 볼로그다 등 북쪽 지역으로 향하는 기차역이다.

벨라루스키 기차역은 스몰렌스크, 칼리닌그라드, 벨라루스, 리투아니아, 폴란드, 독일, 체코 등 서쪽으로 향하는 기차역으로, 이번 여행에서 칼리닌그라드 기차역에서 벨라루스 민스크로 향하는 국제 열차의 종점이 모스크바 벨라루스키 기차역이다.

키엡스키 기차역은 동유럽과 발칸 반도 그리고 몰도바와 우크라이나로 향하는 기차역이다.

"네."

"그럼, 나를 따라오슈! 어느 나라에서 왔슈!"

"한국에서 왔습니다."

"북한이유, 남한이유?"

"남한이에요!"

친절한 할머니가 안내해 준 곳으로 따라갔지만 그곳 주인장도 방이 없다면서 얼마 전에 새로 오픈한 다른 호스텔을 소개해 주겠다며 직접 우리를 데리고 그 호스텔로 갔다.

10여 분간 따라가자 넓은 마당이 있는 아기자기한 Za Za Zoo 호스텔이
나왔다. 게다가 어여쁜 안젤라와 만주리가 우리를 반겨 주었다.

"ЗДРАВСТВУЙТЕ(쯔라스뜨뷔이쩨)!"

"안녕하세요!"

안내해 준 분에게 "БОЛЬШОЕ СПАСИБО(발쇼예 스빠시바)" 하고 대단
히 고맙다고 인사를 하자 "No! No! Welcome. Enjoying Your Stay In
Moscow!" 유창한 영어로 대답하고는 서둘러 돌아갔다.

이른 아침 모스크바 야로슬라브스키 기차역에 도착해 호스텔에 배낭을 푼
시간이 정오가 넘어 무척 피곤했지만, 그래도 모스크바에 도착했는데 우선
샤워부터 하고 산책을 나갔다.

Za Za Zoo 호스텔의 아기자기한 입구로 들어가자 아름다운 안젤라와 만주리가 우리를 맞아 주었다.

120년을 자랑하는 부의 상징인 모스크바 굼 백화점. 1890년부터 3년에 걸쳐 세워진 최고급 백화점으로 러시아 혁명 후인 1953년에 지금과 같이 개조하였다.

붉은 광장을 사이에 두고 레닌의 묘 맞은편에 길게 가로로 뻗어 있으며 유리 천장이 사치스러울 만큼 호화스럽고 언제나 쇼핑을 하는 관광객들로 북적거리는 모스크바 최고의 명소다.

중세의 성에 들어온 것 같은 착각을 일으키게 하는 백화점 안에는 전 세계에서 몰려든 관광객들로 발 디딜 틈도 없으며, 백화점의 웅장함에 비하면 초라하게 작지만 그래도 무료로 개방하는 화장실을 오가는 사람들과 기념사진을 찍느라 여념이 없는 아름다운 신혼부부의 모습도 보인다.

모스크바 국립역사박물관은 미하일 로모노소프가 세운 모스크바 국립대학교의 건물로 1872년 알렉산더 2세가 건립한 뒤 1883년부터 개관했고 잠시 동안 문을 닫았다가 혁명 후에 대중들에게 개방해 국립역사박물관으로 사용하고 있다. 총 40여 개의 방이 있으며 405만 개의 전시물과 1,500만 장 이상의 사학 자료를 모아 두었고 석기시대부터 19세기 말까지의 러시아 역사에 관한 전시품이 있다.

모스크바 카잔 성당은 1612년 카잔의 성모 이콘이 폴란드, 리투아니아 침략자들에게 맞서 싸우던 미닌과 빠좌르스끼 민병대를 기념하는 의미에서 세워진 성당으로 1936년에 러시아 군중집회 기간에 파괴되었다가 1993년 건축가 바라노프스키가 옛 성당의 모습으로 재건축을 시행하면서 원래의 모습을 찾게 되었다.

모스크바 성 바실리 블라제누이 대성당과 크렘린 성벽이 보이는 붉은 광장.

모스크바 중심에 있는 크렘린과 붉은 광장은 거대한 제국 러시아의 역사와 문화를 집약적으로 보여주는 상징적인 장소로 오랜 세월 동안 러시아 권력의 중심지이자 수많은 역사적 사건들이 일어난 격동의 무대였고 러시아 건축예술의 진수를 맛볼 수 있는 곳이다.

크렘린과 붉은 광장에 세워진 위풍당당한 성벽과 왕가의 흔적이 고스란히 남아 있는 궁전, 독특하게 지어진 종교 건축물들은 세계 어디에서도 볼 수 없는 뛰어난 예술성을 보여 준다.

크렘린 궁전 북동쪽으로 길이 약 700m, 폭 약 100m의 붉은 광장이 펼쳐져 있는데 15세기 말 처음에는 교역장소로 활용되어 시장으로 부르다가 16세기에 화재로 점포들이 불타 버린 후 화재광장이라고도 불렸다.

차르의 선언이나 판결, 포고가 내려지던 붉은 광장은 본래 '아름다운 광장'으로 불렸으나 많은 사람들이 노동절과 혁명기념일에 붉은색 현수막을 박물관과 굼 백화점 등에 걸어놓고 붉은 깃발을 손에 든 사람들이 광장으로 모이면서 광장이 온통 붉은색으로 물들었다는 데서 유래하여 17세기 말부터 '붉은 광장'으로 불리게 되었다.

러시아어 '크라스나야'는 원래 '아름답다', '붉다'는 뜻을 동시에 가지고 있어 '붉은 광장'은 '아름다운 광장'이라는 의미다.

크렘린은 옛 소련과 러시아의 힘과 권위의 상징으로 원래 고대 러시아어로 '도시 내부의 요새' 또는 '성벽'을 가리키는 일반명사로 러시아의 오래된 도시에는 크렘린이 있으며 대문자로 시작할 때는 모스크바의 크렘린 궁전을 의미한다.

'성채'나 '가파름'이라는 뜻의 그리스 단어에서 또는 건축용으로 알맞은 목재를 공급하는 '침엽수'라는 뜻으로 쓰였던 초기 러시아어 '크렘'이 기원이라는 견해도 있다.

크렘린 궁전은 오랫동안 러시아 황제의 거처이자 러시아 정교회의 중심지였으며 현대에는 옛 소련 정부 청사로 활용되었다.

'요새'를 의미하는 크렘린은 황제들이 살았던 궁전으로 나무로 지어졌던 크렘린이 1495년 새롭게 건설되자 크렘린 안에는 궁전을 비롯한 다양한 종교 건축물과 붉은 광장이 들어섰다.

예술과 문화에 깊은 관심을 갖고 있던 이반 대제는 크렘린에 건물을 짓기 위하여 유럽의 여러 곳에서 건축가와 지식인을 불렀고, 이반 대제 때부터 시작된 크렘린 건축은 표트르 대제가 수도를 상트페테르부르크로 옮기기 전까지 계속되었다.

청동기 시대 때부터 사람들이 모여 살았다는 모스크바는 1156년 키엡 공국의 유리 돌고루키 공이 모스크바에 나무로 요새를 세우기 시작하면서 역사의 무대에 등장하기 시작했다.

수백 년 동안 여러 주변 나라들로부터 침략을 받았던 모스크바가 본격적으로 발전한 것은 당시 타타르족(몽골)으로부터 지배를 받던 러시아의 여러 대공국의 수도가 되면서 정치·경제적으로 보다 유리하게 된 모스크바는 나무 요새를 벽돌로 바꾸기 시작했다.

이반 3세는 모스크바 대공국의 법전을 마련해 국가의 기틀을 마련하고, 여러 공국으로 나뉘어 있던 러시아를 하나로 통일시켰으며 오랜 세월 대공국을 지배하고 있던 타타르족을 몰아냈다.

그래서 백성들은 존경하는 의미로 이반 3세를 '이반 대제'라고 불렀으며 그 뒤를 이은 이반 4세 때부터 러시아의 황제라는 칭호를 사용하게 되었다. 이반 대제는 보다 튼튼한 성벽을 짓고 크렘린을 완성했는데 권력의 상징인 크렘린이 완성된 시기는 1495년으로 전체 둘레가 1.6km다.

모스크바 강을 따라 한 면이 약 700m의 삼각형을 이루고 요새의 높이와 두께는 지형과 목적에 따라 달랐는데 성벽의 높이는 5∼19m이고 두께는 3.3∼6m의 벽으로 둘러싸여 있다. 주요 통로로 사용되는 입구는 20개의 탑이 세워졌는데 탑의 높이가 다르고 가장 높은 탑은 붉은 광장과 연결된 가운데에 위치한 스파스카야(구세주) 탑으로 높이가 80m에 달하는데 1491년 페트로 솔라리오가 건축했으며 그는 크렘린의 주요 탑 대부분을 설계했다.

크렘린 성벽 아래는 공동묘지로 레닌 묘가 있다. 러시아 혁명의 지도자 레닌 묘는 1924년 알렉세이 시추세프에 의해 피라미드 공법으로 만들어져 1930년에 완성되었으며, 붉은 화강석이 하늘로 날아오를 것 같은 기세로 지하 유리관에는 검은 양복 정장 차림으로 방부 처리를 해서 생전 모습 그대로 반듯하게 누워 있는 레닌의 시신이 안치되어 있다.

현재 230여 개의 무덤이 자리하고 있는데, 트로츠키, 스탈린, 흐루시초프, 막심 고리키 등의 흉상을 그들의 무덤 앞에서 볼 수 있다.

2013년 11월 29일 CNN이 선정한 '한국이 세계 어느 나라보다 잘하는 10가지' 중에 스타크래프트 게임이 7번째에 올랐는데 20여 년 전에는 나같이 인터넷 게임에 무관심한 사람도 전 세계 게임 시장을 석권했던 테트리스 게임을 한 번쯤은 들어봤다. 그 게임의 첫 화면이 바로 성 바실리 블라제누이 대성당이다.

테트리스(Tetris)라는 이름은 그리스 숫자 접두어인 'Tetra'와 '테니스(Tennis)'를 결합한 것으로 현재는 러시아 과학원으로, 1984년 당시에는 옛 소련 과학 아카데미 소속의 스물아홉 살의 컴퓨터 프로그래머인 알렉스 파지노프가 처음 만들었다.

옛 소련 정부는 알렉세이 파지노프가 정부기관 연구소에서 근무한다는 이유로 1985년부터 10년 간 테트리스의 실질적 저작권을 행사해 그는 약 10년 동안 한 푼도 받지 못했는데, 러시아에서 개인 저작권을 인정한 것은 옛 소련 붕괴 이후인 1991년으로 당시에는 저작권 개념도 희박하고 테트리스 복사판이 너무 많이 보급되어 무료게임으로 알려진 것도 한몫했으며, 라이선스에 대해 깊이 생각하지 않았던 시절로 지금 생각하면 너무나 어처구니없고 분통터질 노릇이다.

게임 첫 화면에 등장한 성 바실리 블라제누이 대성당은 200여 년간 러시아를 점령하고 있던 몽골의 카잔한국을 항복시킨 것을 기념하기 위해 이반 대제의 명령으로 차르 제국의 힘과 권력을 상기시킬 수 있는 모스크바의 중앙 시장터에 세워졌으며 1555년 건축을 시작하여 1560년 완공하였고 현재는 박물관으로 사용되고 있다.

비잔틴 양식과 양파 모양의 작은 돔, 추운 날씨와 폭설에 견딜 수 있는 좁은 창문과 경사가 가파른 지붕을 가진 성 바실리 블라제누이 성당은 러시아의 전통 목조 건축술과 더불어 비잔틴과 서유럽에서 유입된 석조 건축술이 절묘하게 결합된 세계적인 건축물이다.

가장 러시아적이면서도 특색 있는 건축물 중 하나로 민속 자수를 연상시키는 화려한 색깔로 도색한 47m 되는 팔각형의 첨탑이 중앙에 있고 높낮이와 모양이 서로 다른 다양한 색채와 무늬를 자랑하는 8개의 양파 모양 지붕으로 구성된 상징적인 존재의 러시아 정교회 성당이다.

팔각형 별 모양을 닮은 실내 공간은 높이 64m의 중앙 예배당에서 떨어진 작은 개별실로 구성되어 있고 벽 표면에는 아무런 그림도 없이 벽기둥, 아치, 벽감, 코니스 등이 그대로 드러나 있다.

'축복받은 성 바실리'라는 뜻의 성 바실리 블라제누이 대성당은 이반 4세의 잔혹함을 비판하여 더욱 더 유명해진 성 바실리를 기념하고 있는데, 전해 내려오는 이야기에 따르면 이반 대제는 몽골군에게 승리한 것을 기념하기 위해 설계를 명하였는데 1561년에 성당이 완성되자 그 아름다움에 탄복하며 두 번 다시 똑같은 건물을 짓지 못하도록 설계자인 야코블레프와 건축가인 바르마와 보스토니크의 두 눈을 멀게 하였다는 전설이 있으나 사실이 아닌 것으로 보인다.

모스크바 무명용사의 묘

1612년 크렘린을 폴란드군으로부터 탈환하는 데 가장 앞장섰던 두 명으로 오른 손바닥을 하늘로 쳐든 사람은 정육점 주인 쿠지마 미닌이고, 앉아서 하늘을 바라보고 있는 사람은 수즈달의 대공 포자르스키로 1818년 조각가 마르토스에 의해 청동조각상으로 만들어졌다. 붉은 광장 한가운데 있었던 미닌과 포자르스키 동상은 1936년에 레닌 묘가 들어서자 성 바실리 블라제누이 대성당 앞 현재의 자리로 옮겼다.

모스크바 볼쇼이 극장은 러시아 국립 아카데미 대극장으로 1776년에 설립한 러시아 최초의 오페라하우스다. 1776년 제정 러시아 예카테리나 여제 때 모스크바 극장 감독에 임명된 우루소프 왕자가 모스크바에 석조 극장 건축 계획을 세운 후 5년에 걸쳐 건설됐다. 800석 규모로 지어진 극장의 첫 이름은 페트로프스키 극장이었는데 1805년 화재로 소실되어 1825년 유럽에서 가장 큰 규모로 다시 극장을 건립해 '볼쇼이'로 명칭이 붙여졌다. 개관 이후 세 번의 큰 불이 났고 현재의 건물은 1856년에 다시 지어진 2,150석을 갖춘 5층 규모의 석조건물이다. 극장 발코니와 천장 도금 장식 등이 전통적인 수작업 방식으로 만들어졌고 의자도 19세기풍에 맞게 수도원 수녀들이 직접 뜬 천으로 만들었다.

11월 하순부터 4월 초순까지 꽁꽁 얼어붙는 503km의 모스크바 강은
모스크바 운하에 의해 볼가 강과 연결되며 하류는 항행이 가능하다.

블라디보스토크에서 출발해 시베리아 횡단열차를 타고 이제는 모스크바의 심장 붉은 광장과 크렘린으로 나가니 제일 먼저 여름비가 우리를 반긴다. 전 세계에서 몰려든 관광객들로 인산인해를 이루는 붉은 광장과 크렘린 그리고 성 바실리 블라제누이 대성당을 산책을 하는 건지 밀려다니는 건지 구분하기 힘들어도 그냥 좋다.

호스텔로 돌아오는 길에 슈퍼마켓에 들러 보드카 한 병을 사와 저녁을 먹으면서 모스크바 입성을 자축했다. 모스크바 야경이 보이는 일류호텔의 테라스가 아니더라도 비록 사가지고 온 음식과 배낭여행자들이 여럿 둘러앉은 시끌시끌한 호스텔의 주방이지만, 아내도 나도 참으로 넉넉한 마음으로 보드카 잔을 기울였다.

많이 마시지는 못하지만 술을 좋아하는 남편과는 달리 술과는 거리가 멀던 아내도 2011년 실크로드와 중앙아시아 여행을 하면서 카자흐스탄 알마티의 하누리 게스트 하우스에서 처음 마셔본 맛깔 나는 보드카에 넋을 잃었었다. 이번 여행을 출발하면서 오늘 같은 날을 기다렸는지 모른다.

"모스크바 입성을 축하하며, 건배!"

만리장성을 팔아 크렘린을 사러 온 중국인들로 모스크바는 인산인해다. 모스크바 관광객 중 아마도 반 이상은 중국인인 듯싶은데, 모스크바뿐만 아니라 이제는 전 세계 어느 곳을 가나 중국인들이 휘젓고 다닌다.

1998년 실크로드를 처음 여행하면서 중국에서 만리장성과 이화원을 돌아볼 때도 중국 사람들로 가득해 그곳의 냄새만 맡고 나온 기억이 떠오른다. 감탄이 절로 나오는 곳에서 사람들이 많다 못해 숨만 쉬고 나왔는데 그 후로 그곳에 갈 때마다 여러 번 그랬던 기억이 생생하다.

이 글을 정리하는 동안 2013년 7월과 8월 중앙아시아를 50여 일 여행하게 되었는데 중국인들 때문에 피해 아닌 피해를 입은 적이 있다. 투르크메니스탄 비자를 받기 위해 우즈베키스탄 타슈켄트에 있는 투르크메니스탄 대사관을 찾아가 영사를 면담하는데 내가 투르크메니스탄 비자를 받을 때마다 반갑게 맞이해 주던 덩치 큰 영사가 한 마디 했다.

얼마 전에 투르크메니스탄을 여행하는 중국인들이 아슈하바트에서 문제를 일으키는 바람에 중국, 대만, 홍콩 국적의 사람들은 2년간 비자 발급이 중단되었고 더불어 동북아시아인 한국 사람들도 비자를 받을 때 22~23일 걸려야 한다며, 좀 더 빠르게 해 주고 싶어도 다른 방법이 없단다.

하여간 중국이든 전 세계 어느 곳이든 중국 사람들 많긴 많다.

모스크바 둘레길을 따라 산책을 하고 부랴부랴 호스텔로 돌아오니 20시가 넘었다. 18시에 친한 동생인 엘다르를 만나기로 했는데 안젤라와 만주리한테 물어보니 호스텔에서 기다리다가 조금 전 돌아갔단다. 우리는 휴대폰도 없고 그렇다고 공중전화로 서로 연락하기가 어려워 시간 약속을 지키지 못했다.

안젤라의 휴대폰을 빌려 엘다르한테 전화를 했다.

"엘다르, 건강하지?"

"형! 그럼."

"우리 언제 보드카 한 잔 할 수 있지?"

"조만간에요."

4년 전과 작년에 모스크바에 왔을 때도 그냥 스치고 지나갔는데, 모스크바에서 이렇게 전화로 목소리를 들어보는 것이 6년 만인데 언제 다시 만날지 모르고 헤어진다. 언젠가는 보드카를 한 잔 하겠지 하고 휴대폰을 내려놓자마자 소파에 앉아 있던 어여쁜 두 한국 아가씨가 우리에게 인사를 건넸다.

"안녕하세요!"

"네! 안녕하세요!"

초등학교 교사와 대학원에 다니는 학생으로 호스텔의 빈 침대가 나오길 기다리는 중이란다. 대화를 나누다 보니 우리와 같은 날 동해를 출발해 시베리아 횡단열차 여행길도 같은데 블라디보스토크에서 이르쿠츠크의 바이칼 호수만 보고 모스크바로 바로 왔단다.

이유를 물어보니 그림을 그려가며 기차표는 샀지만 그 밖의 것들은 손짓 발짓으로 겨우겨우 모스크바까지 오긴 왔는데 러시아어는 모르고, 영어는 통하지 않아 뭐가 뭔지 도대체 알 수가 없단다. 영화에서, 그리고 책을 읽으며 꿈같이 생각했던 시베리아 횡단열차 여행이 너무 힘들고 엉망이 되어 버려 모스크바에서 쉬었다가 바로 한국으로 돌아간단다.

여행길이 아닌 고생길이 되어 버렸고 다시는 이 길을 오고 싶지 않다고 한다. 아쉽게도 이 두 아가씨한테는 시베리아 횡단열차 여행길이 지옥의 길이 되어 버렸다.

모스크바 푸시킨 박물관은 알렉산드라 예술 박물관으로 1898년 8월 29일 착공해 1912년 7월 13일 준공했으며 1930년에 푸시킨 예술 국영 박물관으로 개명하여 현재 역사 및 문화 유적지로 국가의 관리를 받고 있다.

모스크바 미하일 쉼야킨 조각들 앞에는 '어린이는 사악한 성인의 피해자'라는 조각의 제목처럼 전 세계의 천사 같은 어린이들은 나 자신을 포함한 추악한 어른들의 그늘에서 벗어날 수 없는 현실이 눈물겹도록 마음 아프다.

모스크바 레닌 도서관

모스크바 구세주 그리스도 성당은 러시아가 1812년 12월 나폴레옹군의 침략을 물리친 것을 기념하여 1839~1883년 사이에 러시아의 건축가 콘스탄틴 톤이 신비잔틴 양식으로 건설하였다. 높이 103m로 당시 모스크바에서 가장 높은 건축물로 총 면적 6,805㎡, 본관 돔형 지붕 지름 25.5m이며 1만 명을 수용할 수 있다. 성당 외관은 좌우 대칭형이며 다양한 장식으로 꾸며져 있다. 건물의 현관 높이에 외벽을 따라 둘러놓은 띠 모양의 돌 출부에는 신화적 장면과 성경에 나오는 사건을 묘사한 부조를 새겼고 내부에는 수많은 성화들로 장식하였다.

볼셰비키 혁명 후 스탈린의 종교 탄압정책으로 1931년 12월에 폭파되어 성당 터에는 야외 온천풀이 조성되었는데 옛 소련이 붕괴하고 종교 복권이 시작되자 1992~1996년에 국민들의 성금과 러시아 정부의 지원으로 제단이 있던 장소에 성당을 재건하였으며 2000년 5월에 헌당식을 가졌다.

모스크바 표트르(피터) 대제.

표트르 1세는 러시아 제국 로마노프 왕조의 제4대 황제로 표트르 대제로 불린다.

1672년 표트르는 알렉세이 미하일로비치 차르와 그의 두 번째 황후인 나탈리아 키릴로브나 나리시키나 사이에서 알렉세이의 셋째 아들로 태어났다.

어린 시절에 아버지를 여의고 형인 표트르 3세 또한 일찍 죽자 정신지체장애인인 둘째 형 이반 5세 대신 귀족과 정교회의 지지를 얻어 차르에 올랐으나 10세 때 이복누이 소피야 공주가 주동한 궁중혁명으로 크렘린에서 쫓겨나 소년기와 청년기를 모스크바 근교 프레오브라젠스코의 마을에서 보냈다.

정규 교육을 거의 받지 못해 화려한 의식이나 불합리한 전통을 싫어했고 실리적이며 과학적인 것들에 관심을 기울여 서유럽. 선진 국가들에서 온 기술자들과 접촉하면서 최첨단 기술을 배울 수 있는 기회를 만들었다.

젊은 나이에 10여 가지 이상 전문적이고 특수한 기술을 많이 갖고 있던 그는 1689년 모스크바 대귀족의 딸 로푸하나와 결혼했다.

그해 모스크바 대공국은 흑해 진출로를 확보하기 위해 오스만 제국, 즉 터키와의 전쟁을 시작했으나 패배했고 이를 계기로 귀족층이 소피야 정권에 대한 지지를 철회하는 것을 기회로 자신을 따르는 소년병들을 이끌고 쿠데타를 일으켜 소피야를 정교회 수녀원에 유배보내고 국사를 장악하게 되었다.

1696년 표트르의 형 이반 5세가 죽자 표트르는 모스크바 대공국의 유일한 전제군주가 되었다.

서유럽보다 발전이 늦은 러시아를 근대화하기 위해 표트르 자신은 프로이센에 가서 포병 부사관으로 가장하여 프로이센군 고위 지휘관에게 대포 조작 기술을 익혔고, 네덜란드로 가서는 목수 신분으로 선박 건조기술을 익혔으며, 영국에 가서는 수학과 기하학을 배웠으며 해부학과 응용과학에까지 공부했다.

서구의 발달된 학문을 러시아에 소개하고 번잡하던 키릴 문자를 간소하게 개혁하여 문자를 쉽게 익힐 수 있게 하는 한편 학술원을 세워 학문을 장려하였다.

또한 젊은이들을 유럽으로 유학 보내 서유럽의 학문을 익히게 하였고, 유럽인을 초빙하여 유럽의 문화와 기술 도입에 힘썼다.

바다로의 교역로를 열기 위해 발트 해로의 진출이 필요했던 표트르는 1700년 나르바 전투에서 군사적인 재능이 뛰어난 스웨덴의 칼 12세에 대항하였으나 크게 패했지만 1709년 폴타바 전투에서 칼 12세가 친히 지휘하던 스웨덴군에게 결정적인 대패를 안겼다.

하지만 칼 12세는 오스만 제국과 동맹을 맺고 공격해 프루트 강변에서 표트르는 오스만군에게 포위되자 그는 희생을 줄이기 위해 항복하는 대가로 아조프와 흑해 함대를 넘겨주는 치욕적인 패배를 당했다.

본국으로 돌아온 표트르는 새 수도 상트페테르부르크와 근처의 요새들, 그리고 크론슈타트의 조선소에 강력하고 현대적인 대규모의 해군을 조직할 것을 명령했고, 표트르가 새로이 구축한 해군은 1719년 당시 '해상의 왕자'라 불리던 영국마저 두려워할 정도였다.

이것을 발판으로 유럽 여러 나라와의 관계를 더욱 공고히 할 수 있었을 뿐만 아니라 이때부터 모스크바 대공국은 러시아 제국으로 선포되었고 표트르에게는 황제라는 칭호가 붙여지게 되었다.

.표트르는 새 수도 상트페테르부르크의 건설에 몰두하여 북방전쟁의 결과로 획득한 발트 해의 바닷가 불모지에 1703년부터 건설되기 시작하였다.

바닷가의 황량한 불모지에 건설되는 도시라 건설이 어려웠으나 표트르는 옛 수도 모스크바를 벗어나 서구 유럽 어느 나라에도 뒤지지 않는 화려한 수도를 건설하기를 원하여 많은 인명과 물자의 손실을 감수하면서 수도 건설을 진행하였다.

토목공사에 지친 민중들의 마음이 사나워져서 반란이 일어나자 표트르는 비밀경찰을 통해 많은 반대자들을 처형하였는데, 반란에 가담한 자들 중에는 표트르 황제의 외아들 알렉세이 황태자도 포함되어 있었다.

알렉세이 황태자는 아버지 표트르 황제가 러시아의 정신을 서유럽에 팔아넘긴다고 생각해 암살하려다 발각되자 빈을 거쳐 나폴리로 망명하였지만 표트르가 보낸 사신의 거짓말에 속아 귀국하여 재판을 받고 황태자직을 박탈당하였으며, 1718년 고문 후유증으로 옥중에서 죽었다.

표트르 자신도 1724년 12월 상트페테르부르크 건설 현장을 배를 타고 순시하던 중 한 병사가 물에 빠진 것을 보고 그를 구하려 물에 뛰어들었다가 폐렴에 걸린 것이 원인이 되어 다음해 2월 8일 사망하였다.

모스크바 사랑의 열쇠나무

모스크바 트래트야코브 갤러리

러시아 최고의 학부이자 세계적인 종합대학 가운데 하나인 모스크바대학교의 정식 명칭은 로모노소프 모스크바 국립대학교로 대학 설립자인 미하일 로모소노프의 이름을 기리기 위해 '로모노소프 대학교'라고도 한다.

1724년에 설립된 상트페테르부르크대학교에 이어 러시아에서 두 번째로 오랜 역사를 자랑하며 1755년 1월 25일 러시아의 초대 교육부장관을 지낸 이반 슈발로프와 과학자이자 작가인 미하일 로모소노프의 대학 설립 제안을 엘리사베타 페트로브나 여제가 받아들여 설립되었다.

19세기에는 러시아 문화의 부흥기를 맞아 세계적으로 유명한 많은 학자가 활동하였으며, 1917년 러시아 혁명 이후 프롤레타리아와 농민들의 자녀에 대해서도 입학을 허가하기 시작해 출신계급을 망라하는 교육과 연구의 전통을 세웠다.

옛 소련 공산당 서기장과 최초의 대통령을 지내고 1990년 노벨평화상을 받은 미하일 고르바초프가 모스크바대학 출신으로 노벨상을 수상한 대표적인 인물이며 작가 안톤 체호프와 물리학자 안드레이 사하로프 박사가 모스크바대학을 졸업했다.

모스크바 예술 박물관 조각 공원

130

모스크바 버스를 개조해 만든
헌정실 임시은 여 오른쪽은님

웅장한 모스크바 지하철은 1930년대에 시작되어 첫 단계는 1935년에서 1937년까지 건설되었으며 첫 선로는 소콜니키역에서 파르크 쿨투리역까지 놓였다.

1935년 5월 15일에 개통되었을 때 당시 지하철 노선은 11.5km에 13개 역이 있었으며 14개의 열차가 운행되었다.

두 번째 단계는 1941년 제2차 세계대전에 참전하기 전에 완공되었는데 독일군이 모스크바 근처까지 진격한 1941년 10월 15일 모스크바 지하철의 책임자인 카가노비치는 비밀리에 지하철 폭파 명령을 내렸다. 독일군이 지하철을 사용하지 못하도록 제거를 지시하는 한편 차량은 대피시키기로 계획했다. 하지만 당일 저녁에 독일군이 모스크바 근교에서 진격을 멈춤에 따라 폭파 명령은 취소되었고 지하철은 다시 운행을 시작했는데 이 때문에 다음날인 16일 오전 모스크바 지하철은 역사상 처음이자 마지막으로 운행하지 않았다.

모스크바의 예쁜 버스 이동도서관

세 번째 단계는 1942년 5월 전쟁 기간 동안 지어진 역들로 독일군의 폭격을 피할 수 있는 지하 대피소 역할을 겸하도록 건설되었다.

모스크바 마토르시카 인형

네 번째와 다섯 번째 단계는 1940년대 후반과 1950년대 냉전 시기에 건설되어 이 구간의 역은 핵 공격을 받아도 견뎌 낼 수 있도록 건설되었다.

모스크바 지하철 체계는 열한 개의 노선이 바퀴살 모양으로 중앙의 허브에서 도시 외곽까지 뻗어 있고 5호선이 20km의 원형으로 다른 노선들을 이어주며 도시 주위를 한 바퀴 도는 구조로 되어 있다. 모스크바 지하철은 전 세계에서 도쿄 지하철 다음으로 가장 이용객이 많으며, 일일 이용객은 655만 명에 달하고 보통 주말이면 172개 역을 거치는 279km의 노선을 따라 8백만 명 이상의 승객을 수송한다.

모스크바 지하철의 길이는 총 301.2km에 달하며 12개 노선에 182개 역을 가지고 있다. 모스크바 지하철의 가장 놀라운 특징은 대부분의 역이 웅장하고 화려한 양식으로 지어졌다는 점인데, 차르 궁전의 내부와 비슷하게 치장되었다.

과거에는 경찰과 역무원들이 두 눈을 부릅뜨고 여행자가 사진을 찍지 못하게 감시를 했는데, 모스크바 지하철의 아름다움에 반해 몰래 사진을 찍다가 걸리면 벌금을 물게 된다.
나도 2009년에 사진을 찍다가 그만 경찰한테 걸려 그 자리에서 12달러 정도 벌금을 물었던 기억이 난다.
지금은 누구나 사진을 찍어도 뭐라 하는 사람이 없지만 정확히 언제부터 사진 찍는 것이 허용되었는지는 모른다.

타일로 덮인 벽에는 소비에트 체계가 이루어 낸 결실을 마음껏 즐기고 있는 노동자, 농민, 군인들을 나타낸 매혹적인 조각과 모자이크, 그림이 가득한데 공산주의의 대의를 선전하려고 하는 계획적인 책략이었다. 모스크바 지하철은 뛰어난 효율성으로 평판이 높으며 보기 드물게 안내 방송을 성별로 구분해서 내보내는 특징이 있다. 도시 중심으로 진입하는 모든 열차에 관한 안내 방송은 남자 목소리로, 외곽으로 나가는 열차에 대한 안내 방송은 여자 목소리로 한다.

5호선에서는 남자 목소리가 시계 방향으로 도는 열차의 안내를, 여자 목소리가 반시계 방향으로 도는 열차의 안내를 담당한다.

2010년 5월 15일 모스크바 지하철은 개통 75주년을 맞아 모든 역에 해당 역이 건설된 날짜와 건축가의 이름이 새겨진 청동 기념판을 세웠다.

국회의장, 알렉산드로브스키 공원, 마네지나야 거리는 직진하라고 큼지막하게 적혀 있어 모스크바에서는 지하철을 타고 다니면 편하게 돌아다닐 수 있다.

1586년에 만든 차르 대포(차르 푸슈카)

모스크바 이반 대제 종루. 1733~1735년에 주조된 거대한 차르 종(차르 콜로콜)은 지구상에서 실전 용으로 만든 것 중에는 가장 크다고 알려져 있다. 한 번도 울리지 못한 이 거대한 황제의 종은 무게 가 자그마치 210톤이나 되어 종탑에 설치할 수 있 는 방법이 없어 전시용으로만 놓여 있다.

소보르나야 광장

성모승천교회 또는 우스펜스키 성당.
모스크바 총주교의 무덤이 있으며 황제의 대관식
이 거행되었던 권력과 신앙의 중심인 우스펜스키
대성당은 이탈리아 건축가 아리스토텔 피오라반
티에 의해 1475~1479년에 비잔틴 양식의 흰 돌로
지어졌다.
덕분에 크렘린 궁전의 건축물들은 서구적이면서
도 러시아적인 독특한 아름다움을 가지게 되었고,
15세기 말부터 16세기 초에 절정을 이루었던 러시
아 교회 건축양식의 진수를 보여 준다.
러시아의 수도를 상트페테르부르크로 옮긴 뒤에
도 황제의 대관식만큼은 이곳에서 거행되었으며
당시 대부분의 서유럽 종교 건축물에서 볼 수 있

는 고딕이나 르네상스 양식 건물들과 다르게 창문
이 적다. 그나마 있는 창문도 너무 작아 빛이 거의
들어오지 않지만 엄숙하고 종교적인 분위기를 연
출하고 있어 서유럽의 성당과고는 대조적인 분위
기다.
황금색 지붕이 인상적인 우스펜스키 대성당은 국
가의 주요 행사장으로 사용되었고 러시아 정교회
를 이끄는 핵심적인 장소다. 소박한 겉모습과는
다르게 실내는 매우 아름다운 성화로 꾸며져 있
는데, 러시아의 대표적인 종교 화가인 디오니시의
작품으로 화려하지는 않지만 섬세함이 돋보이는
성모 마리아와 예수, 12사도 등 성경 내용을 담은
성화로 가득하다.

공사 중이라 뒤쪽에서 찍은 아르항겔스키 성당. 건축가 알레비즈 노브에 의해 지어진 이 성당은 역대 대공과 황제의 시신이 잠들어 있다. 1505~1508년 사이에 재건된 대천사 대성당은 상트페테르부르크가 건설되기 전까지 많은 모스크바의 공후와 러시아 황제들의 영묘가 모셔졌던 곳이다.

백색의 화려한 이반 대제 벨 타워(종탑)는 16세기에 건설되었으나 1812년 훼손되어 몇 년 뒤 복구되었다.

황실 예배당으로 쓰인 크렘린 대성당, 수태고지 성당, 블라고베시첸스키 성당으로 이름도 다양하게 불리는데 황금으로 도금된 9개의 지붕과 아름다운 성화로 1484~1489년 프스코프 출신 장인들이 만들었으며 1547년 불에 탔으나 1562~1564년 재건되었다.

테렌 교회와 총주교 사원

모스크바의 번화가 아르바트 거리에는 빅토르 로베르토비치 초이의 이름이 붙은 약 50m 길이의 작은 골목이 있는데 그가 무명시절에 노래를 불렀다는 곳이다.

'러시아 록 음악의 시초'라고 인정받은 빅토르 로베르토비치 초이는 러시아의 전설적인 록그룹 키노의 리더로 유명한 록 가수다.

고려인 2세인 아버지와 우크라이나인 어머니 사이에서 태어난 옛 소련 역사를 움직인 13명 중의 한 명으로 옛 소련 잡지 '콤소몰스카야 프라우다'는 그의 사후에 대해서 "그를 믿지 않을 수 없다. 대중에게 보여지는 모습과 실제 삶의 모습이 다름없는 유일한 록커가 빅토르 로베르토비치 초이이다. 그는 그가 노래 부른 대로 살았다. 그는 록의 마지막 영웅이다"라고 평했다.

정치적인 메시지로 가득찬 반항적인 가사의 곡으로 젊은이들을 뒤흔들었던 그는 폭발적인 인기에도 불구하고 계속 아파트 빌딩의 보일러실에서 화부로 일하며 살았는데, 그것이 옛 소련 정부의 환영을 받지 못한 이유였다.

매년 8월 15일은 그가 28세에 의문의 교통사고로 죽은 날로, 20년이 지난 지금도 이곳은 그의 죽음을 추모하는 젊은이들로 늘 북적거린다.

그를 추모하는 스쩨나 쏘야 벽은 그에게 바치는 낙서가 형형색색 아로새겨져 있다.

지금도 꽃다발이 바쳐지고 아직도 담뱃불을 향처럼 피워 놓는 곳으로 빅토르 로베르토비치 초이를 잃은 슬픔은 깊고 깊다.

알렉산드르 푸시킨과 나탈리야 콘차로바 부부.

알렉산드르 세르게예비치 푸시킨(1799. 6. 6
~1837. 2. 10)은 말이 필요 없는 러시아의 위대한
시인이자 소설가다.

외조부는 표트르 대제를 섬긴 아비시니아 흑인 귀
족으로 그는 모계로 흑인의 피가 흐르고 그의 어
머니는 18세기 표트르 대제의 총애를 받은 아브람
페드로비치 간니발 장군의 손녀였다.

외증조부 간니발은 아프리카 출신의 노예였으나
표트르 대제에 의해 속량받아 군인이 되었고 실력
을 인정받아 그의 세례 때 대부가 되어 주었다.

곱슬머리와 검은 피부를 가진 푸시킨은 자신의 몸
속에 에티오피아 흑인의 피가 흐르고 있음을 항상
자랑스럽게 생각했다.

그는 어린 시절에 프랑스인 가정교사의 교육을 받
아 10세 때 벌써 프랑스어로 시를 썼다. 또한 유
모 아리나 로지오노브나로부터 러시아어 읽기와
쓰기를 배웠고 민담과 민요를 들어 러시아 민중의
삶에 대해 깊이 동정하고 이해할 수 있게 되었다.

유모 아리나가 들려준 러시아의 옛날이야기와 설

화가 그를 대시인으로 성공시키는 데 큰 도움이
되었다. 그는 1812년 프랑스와의 전쟁에서 승리로
고무된 러시아 민족의 애국주의 사상, 민족적 자
각과 민족적 기운이 고조되는 역사적 시기에 창작
활동을 시작했다. 그는 러시아 국민의 사상과 감
정을 훌륭히 표현한 러시아 국민문학과 문학어의
창시자로 국민생활과의 밀접한 유대, 시대의 선구
적 사상의 반영, 풍부한 내용 등의 측면에서 그를
따라갈 작가는 없다.

투르게네프가 푸시킨 이후의 작가들은 그가 개척
한 길을 따라갈 수밖에 없었다고 말한 것처럼 그
의 문학적 영향력은 매우 크다.

1831년 미모로 소문난 나탈리야 니콜라예브나 곤
차로바와 결혼하였는데, 그녀는 13년 연하의 여성
으로 첫 남편과 사별한 상태였다.

1831년 푸시킨은 격렬한 구애 끝에 그녀 어머니의
반대를 무릅쓰고 결혼을 했고 상트페테르부르크
에 집을 마련하여 정착했다.

관직에 등용된 푸시킨은 표트르 대제 치세의 역사
를 쓰도록 위촉받아 1834년 황제의 시종보로 임명

되었는데, 이는 그의 실력보다는 부분적으로는 나탈리야 니콜라예브나 곤차로바가 궁정 행사에 참석하기를 바란 황제의 속셈이 작용한 때문이었다. 이 기간 중 그의 아내 나탈리야 니콜라예브나 곤차로바와 표트르 대제와 불륜관계라는 소문이 돌기도 하였으나 그는 개의치 않았다.

1837년 1월 27일 그의 반역정신을 적대시하는 귀족들이 나탈리야 니콜라예브나 곤차로바가 부정한 생활을 하고 있다는 날조된 소문을 퍼뜨림으로써 푸시킨은 바람을 피운다고 지목한 프랑스인 귀족과 부득이 결투를 하지 않으면 안 되게 되어 비운의 죽음을 당했다.
나탈리야 니콜라예브나 곤차로바를 짝사랑하는 프랑스 망명귀족 조르주 단테스와의 결투로 부상당하여 38세 나이에 죽었다. 이 결투는 그의 진보적 사상을 미워하는 궁정세력이 짜놓은 함정이었다고 한다.

푸시킨은 '러시아 국민문학의 아버지', '위대한 국민시인' 등으로 불린다.
그는 러시아 근대문학의 창시자로서 문학의 온갖 장르에 걸쳐 재능을 발휘했다.
과거 100년간 러시아 시 분야에서 그의 명료하고 간결한 영향을 조금이라도 받지 않은 시인은 없다고 해도 과언이 아니며, 산문에 있어서도 19세기 러시아 리얼리즘의 기초는 그에 의해 구축되었다.
막심 고리키의 말대로 '시작의 시작'이라는 위치를 차지하고 있으며 많은 비평가 역시 푸시킨의 작품을 심도 있게 연구하였으며 도스토예프스키는 '모든 것을 포용하는 보편성'을 강조했다.

그의 문학작품은 모든 예술사조를 수용하면서 새로운 예술사조의 가능성을 열어놓았다.
그는 고전주의, 낭만주의, 사실주의의 모든 요소를 받아들이는 동시에 모든 것을 부정하는 아이러니한 대화를 하고 있다.
러시아 문학과 후대 시인들의 경향에 지대한 영향을 미친 푸시킨은 러시아 근대문학의 창시자이자 대표적인 낭만주의 시인으로 평가받는다.
또한 낭만주의에 국한되지 않고 신고전주의와 리얼리즘을 넘나드는 문학적 세계를 열었다.
그는 투철한 정신, 민감한 정조, 혈연적인 기질을 기울여 문학의 모든 부분에 있어서 참다운 국민문학의 창시에 노력하고 리얼리즘 문학을 확립하여, 러시아 문학을 세계적인 의의를 가진 가치 있는 것으로 인도했다. 또 민족예술을 사랑하고 옛 전설과 가요를 취재하여 단순하고도 평범한 구어를 구사, 근대 소설의 선구가 되었다.

인간의 존엄성과 자유에의 권리를 주장한 숭고한 휴머니즘은 후세에 높이 평가받고 있다.
고독하고 불우한 유폐생활은 도리어 시인에게 높은 사상적·예술적 성장을 가져다주어 러시아의 역사적 운명과 민중의 생활 등에 대하여 깊은 통찰의 기회를 주었다고 할 수 있다.
푸시킨의 작품은 모두 농노제 하의 러시아 현실을 정확히 그려내는 것을 지향하였으며, 깊은 사상과 높은 교양으로 일관되어 러시아 문학의 모든 작가와 유파는 '푸시킨에서 비롯되었다'고 해도 과언이 아니다.

1940~1950년 사이에 지어진 역사 및 문화 유적 국가 보호 건축물로 겔프레이흐, 민쿠스, 리마노브스키의 설계사에 의해 건축된 웅장한 모습의 모스크바 러시아 연방 외교통상부 빌딩.

2박3일간의 모스크바 산책을 하고 오늘 밤 21시 54분 상트페테르부르크로 출발하는 기차를 타고 러시아의 베네치아에 내일 아침 5시 41분에 도착한다.

표트르 대제가 서구 문화를 받아들이는 창구로 건설한 도시 상트페테르부르크는 북극권에서 남쪽으로 얼마 떨어지지 않은 까닭에 겨울철에는 밤이 길고 여름에는 백야가 계속된다.

러시아 제2의 도시로 1918년 3월까지 그리고 지난 2세기 동안 제정 러시아의 수도로서 러시아 문화의 중심지 역할을 해 왔고 지금도 공업, 문화 도시 및 항구로서 중요한 역할을 한다.

시 면적의 약 15%가 수면인 이 도시는 1917년 2월혁명과 10월혁명의 현장이다. 그리고 제2차 세계대전 중에는 독일군의 극심한 포위공격을 끝까지 버텨낸 곳으로 유명하다. 건축적인 면에서 유럽에서 가장 아름답고 조화로운 도시의 하나로 명성이 자자하다.

아내가 옆에 서서 빤히 바라보고 있는데도 너무 매력적인 미녀라 넋을 놓고 바라보며 사진을 몇 장 찍었다. 이 미녀가 눈치를 챘는지 고혹적인 눈빛으로 나를 바라본다.

모스크바 Moskva ~ 상트페테르부르크 Saint Peterburg
640km 7시간 47분

이번 여행에서 아내와 함께 하는 마지막 여행길이다.

블라디보스토크에서 시작해 시베리아 횡단열차 여행을 마치고 이제는 덤으로 러시아의 수도 모스크바에서 제2의 수도인 상트페테르부르크로 향했다.

가끔 여행자들이 시베리아 횡단열차의 출발지와 도착지를 혼돈하는 경우가 있다. 블라디보스토크에서 모스크바 또는 반대의 길이 처음과 끝으로 모스크바에서 상트페테르부르크까지 가는 기찻길은 시베리아 횡단열차와 관계없는 일반 노선인데, 이 길도 시베리아 횡단열차의 일부분으로 오해하는 여행자도 있다.

모스크바 쿠르스키 기차역~상트페테르부르크 모스코브스키 기차역 3등칸 쁠라치까르타 기차표.
1,175루블로 1달러에 31.86루블이니 36.88달러다. 1달러의 환율을 1,137원으로 환산하면 41,932.56원이다.

상트페테르부르크 모스코브스키 기차역

어젯밤 모스크바 쿠르스키 기차역에서 21시 54분에 출발해 북쪽으로 640km를 7시간 47분 동안 달려 오늘 아침 5시 41분 상트페테르부르크 모스코브스키 기차역에 도착했다. 3층에 있는 꼼나띄 옷띄하에 가니 12시까지 기다려 봐야 빈 방이 있는지 알 수 있단다.

너무 이른 새벽이라 기차역 의자에 앉아 따뜻한 차 한 잔 마시며 날이 밝아 오기를 기다리다 지하철을 타고 쿠바 호스텔을 찾아가 1층에 있는 초인종을 누르니 문을 열어 주었다. 4층으로 올라가 문을 두드려도 열어 주는

상트페테르부르크 쿠바 호스
텔 입구와 그 옆에 장식용으로
놓인 공중전화 안에는 포르노
잡지책이 즐비하다.

대기실에서 빈 침대가 나오기
까지 기다리는 동안 꾸벅꾸벅
졸고 있는 아내.
이번 시베리아 횡단열차 여행
의 종점인 모스크바를 지나 상
트페테르부르크까지 여행하느
라 많이 힘들었다.

사람이 없는데 안에서는 분명 인기척이 있지만 여러 번 반복해서 두드려도 마찬가지였다. 9시 이전이라 문을 열어 주지 않는 것 같아 주변에 있는 몇몇 호스텔을 찾아갔는데, 정문에 Open 09:00라고 쓰여 있거나 문을 열어 줘도 방이 없다고 했다.

몇 군데 돌고 나니 배가 고팠다. 24시간 운영하는 식당에 가서 햄버거와 커피로 간단하게 아침식사를 해결하다가 이상하다는 생각이 들어 다시 한 번 쿠바 호스텔로 가서 초인종을 누르니, 역시 문을 열어 주었다.

4층으로 올라가는데 야릇하게 생긴 젊은 친구가 "한국 사람이세요?" 하고 묻기에 "Yes" 했더니 "안녕하세요!"라며 반갑게 인사를 했다. 그 다음부터는 유창한 한국말이 술술 나왔다. 그러더니 자기는 한국의 대학교에 유학중인 말레이시아에서 온 학생이라면서 쿠바 호스텔 문이 4층에서 3층으로 바뀌었다고 알려 주었다.

방학을 맞아 이곳 상트페테르부르크에서 유학하고 있는 말레이시아 친구와 함께 모스크바와 상트페테르부르크 그리고 에스토니아 탈린과 핀란드 헬싱키를 배낭여행하고 23일 한국으로 돌아간단다.

젊은 두 친구가 대단했다.

말레이시아 학생들이다 보니 중국어는 기본이고 영어도 유창하고 거기에 한 학생은 러시아어를, 또 한 학생은 우리말을 자유자재로 구사했다.

여행을 마치고 돌아와 몇 개월 만에 상트페테르부르크가 아닌 서울 아현 동 순댓국집에서 다시 만났다. 겨울방학 때 말레이시아 고향을 다녀올 생각이라는데 순댓국을 맛있게 먹는 모습이 참 아름다웠다. 앞으로 말레이시아의 미래를 짊어질 젊은 청년에게 박수를 보낸다.

12시까지 겨우 기다렸다가 배낭여행자들로 북적이는 쿠바 호스텔에서 예약도 하지 않았는데 다행히 침대 두 개를 얻었다.

아내가 이번 시베리아 횡단열차 여행을 하면서 상트페테르부르크에 도착하기까지 특히 힘들었던 것은 아마도 러시아의 화장실 문화 때문일 것이다. 54명이 타는 기차 한 량에 양쪽 두 개의 화장실을 이용해야 하니 불편한 건 그렇다 치더라도 시도 때도 없이 문을 두드리는 사람들 때문에 불안하고, 시내에 산책을 나가서는 돈 내고 들어가는 화장실이 어디에 있는지, 화장지는 있는지 확인을 해야 하는 번거로움 때문에 변비에 걸리기 십상이다. 식사나 차를 한 잔 하려고 들어간 식당이나 카페 안에도 화장실이 없어 돈을 내고 따로 가야 하는 상황이 우리 문화로는 이해하기 어렵다.

지역마다 다르지만 10루블 하는 러시아 화장실표. 우리 돈으로 환산하면 400원이 조금 넘는다.

상트페테르부르크 Saint Peterburg

모스크바에 머무는 내내 날씨가 흐리거나 비가 내려 약간 아쉬움이 남았는데 상트페테르부르크는 화창하고 맑다.

둘레길을 한 바퀴 돌고 나서 쿠바 호스텔에 있는 저울에 몸무게를 재 보니 그 동안 아내는 약 6kg, 나는 4kg이 빠졌다. 좋은 건지 나쁜 건지 잘 모르겠지만, 오늘도 슈퍼마켓에서 사온 라면과 간단한 음식으로 해결했다. 물가 비싼 러시아에서 아내 영양실조 걸리겠다.

상트페테르부르크 궁정 광장

프랑스 조각가 팔코네가 1766년부터 12년에 걸쳐 만든 상트페테르부르크 표트르 대제 '청동 기마상 (Bronze Horseman)'은 대제의 위엄을 기린 조각상이다.

원로원 광장 끝 네바 강변에 위치한 이 기마상은 쿠데타로 남편을 죽이고 왕위에 오른 예카테리나 2세가 자신이 러시아 역사에 길이 남을 황제인 표트르 대제의 후계자임을 알리기 위해 만든 것이다. 말을 탄 대제가 서 있는 돌은 전설의 '번개 맞은 돌(Thunder Stone)'로 무게가 1600톤, 길이 13.5m, 폭 7m, 높이 8m로 400명이 넘는 장정들이 핀란드 만에서 네바 강변까지 옮겨오는 데만도 4개월이나 걸렸다고 한다.

150

상트페테르부르크 대성당 모스크

상트페테르부르크 해군성 건물

상트페테르부르크에서 가장 유명한 건물 중 하나인 에르미타주 겨울 궁전은 네바 강을 따라 230m 정도 나란히 뻗어 있으며 엘리사베타 여제가 가장 총애하던 궁정 건축가가 여제를 위해 지은 궁전으로 유럽에서 가장 큰 궁전 가운데 하나다. 방이 1천 개가 넘으며 영국의 대영 박물관, 프랑스의 루브르 박물관, 그리고 에르미타주 박물관을 세계 3대 박물관이라 한다.

러시아 바로크식 외관이 건축 당시 그대로 남아 있는 이 건물은 1762년 라스트렐리에 의해 건축되었는데 1,056개의 방과 117개의 계단 그리고 2,000개가 넘은 창문들, 건물 위에는 170개의 조각상들이 자태를 뽐내고 있다. 1837년 12월 화재로 소실되어 그 후 2년에 걸쳐 재건되었으며 그 과정에서 수많은 노동자들이 목숨을 잃었다.

에르미타주 미술관에는 1764년 예카테리나 2세가 서구로부터 226점의 회화를 들여온 것이 시초가 되어 현재 약 300만 점의 전시품이 소장되어 있는 세계 최고의 박물관이다.
6개의 전시관으로 구성되어 있고 그중 서유럽관은 레오나르도 다빈치와 라파엘, 미켈란젤로, 렘브란트 등 유명 화가들의 작품이 125개의 전시실에 전시되어 있는데 작품을 한 점당 1분씩만 본다고 해도 총 관람 시간이 5년이나 될 만큼 많은 작품을 소장하고 있다.

상트페테르부르크의 심장부 궁전 광장의 한가운데에는 1812년 나폴레옹군과의 전쟁에서 승리한 것을 기념하여 1834년 알렉산더 황제가 세운 알렉산더 원기둥은 600톤의 무게에 47.5m 높이 그리고 원기둥 꼭대기에는 십자가를 안은 천사가 있다.

이곳에서는 1905년 제1차 러시아 혁명의 발단이 되었던 '피의 일요일'과 '1917년 10월혁명' 사건이 일어났으며, 오늘날에도 여전히 정치적 집회가 열리는 곳에 러시아 미녀들이 사색에 잠겨 있다.

짐니 카날로 상트페테르부르크
는 본래 습지였던 저지대에 자리
잡고 있는 까닭으로 홍수의 피
해가 큰데 특히 강한 바람이 강
물을 역류시키는 가을철과 해빙
하는 봄철에 홍수가 많이 발생해
1777년, 1824년, 1924년에는 도
시 전체가 물에 잠기기도 했다.

홍수 피해를 막고 배수를 돕기
위해 많은 운하를 만들었으며
1980년대에는 핀란드 만을 가로
지르는 총길이 28.8㎞의 둑을 건
설했다.
이러한 인공 운하들과 천연 수로
들로 상트페테르부르크는 수로
와 다리들로 가득해졌고 그래서
'북방의 베네치아'라는 별칭을 얻
었다.

상트페테르부르크 페르비 짐니
다리에서 본 모이카 강

(오른쪽 페이지) 상트페테르부르크 피의 성당(그리스도 부활성당)은 1907년 데카브리스트 당원들에게 살
해당한 알렉산드르 2세를 기리어 세워진 곳으로 '피의 사원'으로 잘 알려져 있다. 성당 내부는 유명한 화가
들이 직접 도안한 모자이크화가 보존되어 있다. 알렉산드르 2세가 피를 흘리며 죽어간 곳인 이 사원은 죽
은 황제의 아들 알렉산드르 3세에 의하여 1883년부터 손자 니콜라이 2세 때인 1907년까지 24년 동안 알페
르드 알렉산드르 비치의 설계로 만들어졌다. 모스크바에 있는 바실리 사원의 형태를 부분적으로 모방했으
며 전체적으로는 '러시아 양식' 건축 형태를 지니고 있고 현관 입구 4개의 모자이크는 예수 부활의 성경 이
야기를 소재로 하였다.

Singer 빌딩은 상트페테르부르크에서 가장 큰 서점인 진게르사
서점으로 예전에는 마구간으로 사용되었던 멋진 건물이다.

상트페테르부르크 경제대학

상트페테르부르크 카잔 대성당은 이탈리아 무명의 농민 출신 건축가 바로니힌이 설계를 맡아 1801년부터 10년에 걸쳐 지어진 반원형 구조의 건축물로, 바티칸의 산피에트로 대성당을 모델로 했는데 그리스 신전과 같은 건축 양식을 띠고 있다

1m 정도씩 일렬로 쭉 나열된 석고대리석으로 이어진 94개의 콜린도 양식의 기둥은 성당에 들어가기 전부터 엄숙함과 장엄함으로 가득하며 입구와 재단은 동쪽을 향해 있다.

카잔 대성당이 완성된 후 러시아는 나폴레옹 전쟁에서 승리를 거두었는데 그 기념으로 승리의 트로피와 조국 전쟁에서 빼앗은 107개의 프랑스 군기가 성당 내부에 장식되어 있다.

쿠바 호스텔 내부

상트페테르부르크 쿠바 호스텔 10인실에서
한 방을 쓴 덴마크 청년 안센과 뭐가 그리
좋은지 활짝 웃고 있다.

바이킹과의 전쟁에서 승리한 표트르 1세(피터 대제)가 러시아를 유럽의 제국으로 만들고자 하는 야망에 불타올라 도읍을 정한 곳이 발트 해를 향해 있는 연안의 늪지대로 네바 강 하구 상트페테르부르크의 음침한 섬들 위에 도시를 건설하고자 했을 때 사람들은 비웃었다.

그러나 유럽인이 되고 싶었던 대제는 스스로 오두막에 기거하며 관리들과 노동자들을 독려하며 거침없이 나갔고, 전 러시아에 석조 건축을 금지시키고 모든 자재를 네바 강 하구로 실어오게 했다. 그리하여 101개의 섬과 800개의 다리로 이어진 북쪽의 베니스가 탄생했다.

1864년에 만들어진 지도에는 네바 강 삼각주에 101개의 섬이 있으나 2002년 자료에 의하면 상트페테르부르크에는 33개의 정식 명칭을 가진 섬이 있다고 한다.
여기에는 크론슈타트 요새 보루, 연못과 호수가의 크지 않은 섬들은 포함되지 않았다.

상트페테르부르크는 네바 강의 도시라 불리지만 그렇다고 네바 강 하나만 있는 것은 아니며, 북방의 팔미라(상트페테르부르크)에는 총 93개의 강과 100개 정도의 못이 있다.
상트페테르부르크 구시가지 내에는 342개의 다리가 있으며 나머지는 페트로파블로프스크, 황제의 마을, 여름 궁전 등등 산재되어 있다.
따라서 상트페테르부르크의 다리 개수는 800개이며 그중 218개는 사람들이 다닐 수 있다.
지금도 핀란드 만에는 매립작업이 한창이며 이에 따라 또 다른 섬과 다리들이 생겨날 것이다.
또한 서부간선도로가 현재 건설 중인데 핀란드 만을 가로질러 남과 북을 연결해 완성되면 또 하나의 거대한 교각이 생기는 것이다.

1703년 표트르 대제가 네바 강 하구에 세운 페트로파블로프스크 요새에서 비롯된 도시로 처음에는 상트페테르부르크라고 했다가 1914년 페트로그라드로 개칭되었고, 1924년 레닌이 죽자 그의 이름을 기념하여 레닌그라드로 명명되었고, 그 이후 1991년 11월 7일 본래 이름인 상트페테르부르크를 되찾았다.
네바 강 유역에는 10월혁명 때 겨울 궁전으로의 진격 신호 포성을 울린 순향함 오로라 호가 영구히 정박하여 혁명기념관으로 이용되고 있다.

상트페테르부르크 쿠바 호스텔 주방에서

아내가 요리한 저녁 만찬

서울에서는 다른 것은 몰라도 밥은 꼭 챙겨 먹었는데 여기서는 케밥이나 기름밥에 삶은 계란이 주식이 되어 버렸으니 괜히 안쓰럽다.

해가 저물자 유럽에서 건너온 젊은 청춘남녀들은 어디를 가려는지 멋지게 차려입고 하나 둘 호스텔을 나섰다. 다들 어딘가에서 놀고 올 모양으로 10인실 호스텔에 21시가 되자 침대에 누운 사람은 아내와 나 단 둘뿐이다. 10인실에 우리의 침대만 남겨두고 모두 배낭을 정리해 또 어디론가 떠나 버렸다.

전 세계에서 몰려든 배낭여행자들이 밀물과 썰물처럼 들어왔다 나갔다 하는 게스트 하우스에서 아침 겸 점심을 먹고 눈부신 백조처럼 깨끗한 날에 네바 강을 따라 걷다 보니 나의 향기가 묻어 있던 이 길에 이제는 아내의 향기가 대신한다.

오늘까지 함께 여행을 하고 아내는 내일 한국으로 떠난다. 그리고 나는 내일 모레 러시아의 영외 지역인 칼리닌그라드로 떠난다. 쉽지 않은 여행길인데 러시아 사람들의 살아가는 모습을 함께 보며 무탈하게 지나왔다.

아내가 고기와 야채 그리고 쌀까지 사와 게스트 하우스의 눅눅한 주방에서 저녁 만찬을 준비했다. 이번 시베리아 횡단열차 여행에서 처음이자 마지막으로 김이 모락모락 나는 하얀 쌀밥을 지어 보드카로 헤어짐의 섭섭함과 멋진 여행을 축하하는 건배를 들었다.

지난번 실크로드를 따라 중앙아시아 여행길을 아름답게 마무리한 것처럼, 이번에는 시베리아 횡단열차 여행길도 무사히 마무리한다.

처음부터 끝까지 누구의 도움 없이 아내와 단 둘이서 한 여행길은 세월이 흘러 먼 훗날 오늘을 돌이켜보면 멋진 추억으로 그리고 앞으로의 삶에 올리브 향기 같은 영양소가 될 것이다.

앞으로 우리가 어떤 여행길을 만날지 모르지만 우리는 그 여행길도 설레는 마음으로 만날 것이다.

보드카잔을 기울이는데 누가 테이블에 앉으며 "안녕하세요!" 하고 인사를 건넸다. 한국에서 온 남녀 한 쌍이었는데 내가 쓴 〈발트 3국 그리고 벨라루스에 물들다〉를 읽고 이번 시베리아 횡단열차 여행을 시작했단다.

아무래도 이야기가 길어질 것 같다.

상트페테르부르크 이삭 성당.

표트르 대제 청동기마상 남쪽에 있는 이삭 성당은 100톤이 넘는 금으로 장식되었고 유럽 각지와 국내에서 생산된 112가지 돌로 내부와 외부 기둥 등이 꾸며져 있다.

알렉산드르 1세 때인 1818년부터 1858년 그의 조카 알렉산드르 2세 때까지 3대에 걸쳐 무려 40년간 10만 명이 넘는 농민들이 동원되어 지어졌다.

상트페테르부르크가 습지대인 관계로 기초만 다지는 데도 상당한 시간이 걸렸는데, 당시 22인의 예술가가 참여하고 물자를 운반하기 위하여 네바 강에는 최초로 바지선을 띄웠다.

수용인원 1만4천 명의 규모를 자랑하고 내부는 성서의 장면이나 성서 속의 성인들을 150명 이상이나 묘사해 놓았다.

모자이크화도 62점이나 되며 우랄산맥에서 생산된다는 초록색 공작석으로 만든 모자이크 조각기둥 등 내부의 화려함은 놀라움을 금치 못한다.

상트페테르부르크에서 결혼식을 마치고 타고 가는 리무진

배를 만들고 있는 표트르 대제

상트페테르부르크 로스트랄 등대

상트페테르부르크 중앙 해군 박물관

가운데 보이는 웅장한 건물은 표트르 대제가 첫 번째 세운 인류학 박물관

버스를 개조한 화장실 왼쪽(여)
오른쪽(남)과 실내

네바 강에서 비키니 입은 아가씨가 일광욕을 하고 있다.

상트페테르부르크 바실리옙스키 섬은 방어에 유리한 지리로 인해 이 도시에서 최초로 개발된 지역 가운데 한 곳으로 페트로파블로프스크 요새가 있다.
페트로파블로프스크 요새는 처음에는 토벽이었으나 곧 높이 12m에 두께가 3.6m인 석벽으로 개축되었다. 19세기에 주로 정치범을 가두는 감옥으로 이용되었던 이 요새는 오늘날 박물관이 들어서 있고, 지금도 요새의 능보에는 300문의 포가 설치되어 있어 정오마다 포를 쏜다.

요새의 성 마루 너머로는 1712~1733년에 세워진 상트표트르와 상트파벨 대성당의 첨탑이 화살처럼 솟아올라 있는 것이 보이는데, 이 성당에 표트르 대제 이후의 역대 황제와 황후들이 묻혀 있다.
도심 중앙부의 북서부 한 부분을 차지하는 이 섬에는 푸시킨 광장, 멘시코프 궁, 중앙해군박물관, 과학 아카데미, 예술 아카데미 등 중요한 시설과 유적들이 많으며 지금은 문학 박물관과 푸시킨 하우스로 알려진 러시아 문학연구소를 수용하고 있는 구세관 건물과 국립대학교가 유명하다.

상트페테르부르크 이삭 성당 광장 앞의 니콜라이 1세 황제 기마상.

러시아 로마노프 왕조의 황제 겸 폴란드 국왕인 니콜라이 1세는 체격이 건장하고 외모가 수려하여 귀족적인 위엄으로 항상 다른 사람을 압도했다고 전해진다. 그가 즉위할 당시 러시아는 나폴레옹과의 전쟁과 내란 등으로 매우 불안했으며, 즉위식 때는 데카브리스트의 난이 일어나자 잔인하게 진압했다. 이러한 사회적 분위기는 그를 공격적인 성향으로 바꾸어 놓았고 정부의 모든 일을 자기 손으로 직접 처리했다.

프로이센 왕국의 공주와 결혼하면서 프로이센의 군국주의 영향을 많이 받은 그는 대외정책 면에서도 신성동맹의 정통 이념에 충실했고, 그의 첫째

목표는 유럽의 기존 질서 유지를 책임지는 '유럽의 헌병'으로서 유럽의 혁명운동을 진압하고 그 여파가 러시아에 미치지 않도록 하는 것으로, 폴란드에서 반란이 일어나자 1831년 데이비치 장군이 이끄는 15만 명의 대군을 바르샤바에 보내 무참하게 진압했다. 이러한 그의 과도한 강경책은 시간이 흐를수록 행정적 공백으로 인한 부패와 혼란이 가중되었다.

1853년 10월 오스만 제국이 다뉴브 강 유역에 주둔 중이던 러시아 군대를 공격함으로써 크리미아 전쟁이 발발하였고, 이에 러시아는 오스만 제국에 선전포고를 하였지만 그 결과 러시아는 패배하여 군사적·정치적으로 큰 타격을 입고 니콜라이 1세는 그만 음독 사망했다고 한다.

오늘 밤 23시 50분 비행기로 아내가 먼저 한국으로 돌아간다. 진정한 친구를 알고자 하거든 사흘만 같이 여행하라 했는데, 20박21일을 같이 여행하면서 서로의 마음을 읽어가며 시베리아 횡단열차 여행을 무사히 마치고 한국으로 먼저 보내는 심정이 아쉽기만 하다.

2011년에도 실크로드와 중앙아시아 여행을 마치고 우즈베키스탄 타슈켄트에서 먼저 한국으로 보낸 후 나 홀로 60일간 세상 살아가는 사람들을 만나보고 한국으로 돌아왔는데, 이번 여행에서도 또다시 40일간을 더 떠돌다가 집으로 돌아가게 된다.

나도 내일 이곳 상트페테르부르크를 떠나 러시아 영외 영토인 칼리닌그라드에서부터 여행을 다시 시작한다. 이번 여행 내내 함께 하고 싶었지만 마음만 남겨두고 다음으로 미룬다.

상트페테르부르크 풀코보 두 번째 국제공항에는 인천공항으로 가려는 한국 사람들로 왁자지껄했다. 아줌마 아저씨들 사이에 한 무리의 한국 스님들도 보였다.

그런데 누군가 내게 인사를 했다.

"안녕하세요, 선생님!"

"어! 이게 누구야! 우리 몇 년 만이지?"

낯익은 얼굴이었다. 내가 4년 전에 한 달 간 시베리아 횡단열차 여행을 마치고 에스토니아 나르바로 떠나기 위해 묵었던 민박집에서 만난 학생으로 그땐 1학년, 지금은 4학년인 건장한 청년으로 변했다.

머나먼 상트페테르부르크까지 어떻게 또 왔느냐면서 알겠다는 듯 미소를 지었다. 세상 만남은 이렇게 만나고 그렇게 헤어지는 우연의 연속이다.

푸시킨이 1950년에 살았던 마지막 집으로 상트페테르부르크는 도스토예프스키, 톨스토이, 푸시킨 등 러시아의 대문호들과 각별한 관계가 있는 도시로 톨스토이는 이곳에서 태어났고, 도스토예프스키는 17세 때 이곳 군 중앙공병학교에 다닌 적이 있다. 푸시킨도 외무성 관리로 근무한 적이 있는데, 이때 경험으로 쓴 그의 소설 '에프케니 오네긴'은 상트페테르부르크가 무대였다.

Custom Line에서 바라보니 얼굴이 벌겋게 상기되어 혼자 이리저리 왔다 갔다 하는 아내의 모습이 보였다. 이제는 내게 필요 없는 짐까지 떠맡아 20kg이나 나가는 무거운 배낭을 짊어지고 얼마나 분주하게 움직이는지, 100m 달리기를 해도 이럴 땐 10초에 완주할 것 같다. 한참 후에 티켓팅 한 것을 확인하고 마음이 놓였다.

아내를 보내고 홀로 공항 대합실에 멍하니 서 있었다.

여행자들이 모두 빠져나간 텅 빈 공항 대합실에 우두커니 서서 그냥 바라보고 있는데, 이번에는 중년 신사가 인사를 건넸다.

"반갑습니다. 저는 상트페테르부르크에 있는 회사 주재원입니다."

지난 5월에 출연한 EBS 세계테마기행 '파미르를 걷다. 타지키스탄' 방송 편의 주인공을 상트페테르부르크에서 만나게 될 줄 몰랐다며, 혹 시간이 된다면 함께 자리를 하고 싶다고 명함을 내밀었다. 이미 시간은 0시를 넘었고 나는 오전에 상트페테르부르크를 떠나야 한다.

고마움을 미소로 대신했다.

시베리아 횡단열차를 시작하기도 전에 동해에서 블라디보스토크로 가는 배 안에서 나를 알아본 대학생부터, 어젯밤에는 쿠바 호스텔에서 어여쁜 아가씨가 내 책을 읽었다 하고, 오늘은 공항에서 듬직한 학생을 4년 만에 다시 만났으며, 그리고 멋진 신사가 TV에 나온 나를 감동 깊게 봤단다.

지금까지 살아오면서 늘 부족했던 몸가짐이 더욱 조심스러워진다.

상트페테르부르크 니콜스키 성당

시베리아 횡단열차 여행을 마치고 상트페테르부르크 쿠바 호스텔을 나서며 활짝 웃는 심여사

공항을 빠져 나와 버스를 기다리는데 비가 주룩주룩 내렸다.

자정이 가까운 시간에 아내를 한국에 보내고 돌아오면서 슈퍼마켓에서 캔 맥주 하나를 사들고 게스트 하우스로 들어와 혼자 마시려니 맥주 맛이 썼다.

겨우 반쯤 마시다 그냥 버리고 침대에 누웠는데 엎치락뒤치락 늦은 새벽까지 잠이 오지 않았다.

혼자 남은 외로움의 후유증이다.

모스크바Moskva ~ 탈린Tallinn

　모스크바나 상트페테르부르크에서 버스를 타고 칼리닌그라드로 가려면 옛 소련 시절 한 나라였던 발트 3국을 지나야 하고 기차를 타면 벨라루스와 리투아니아를 지나야 하는데, 러시아와 북유럽 그리고 동유럽 사이에 보석처럼 숨겨진 눈부시게 아름다운 발트 3국을 모스크바나 상트페테르부르크까지 와서 그냥 지나가기엔 아쉬움이 많다.

　어제 저녁 아내가 한국으로 돌아가면서 해 놓은 쌀밥에 상추와 훈제 돼지고기를 넣고 고추장에 비벼 아침밥을 먹고는 시장 바닥만큼이나 붐비고

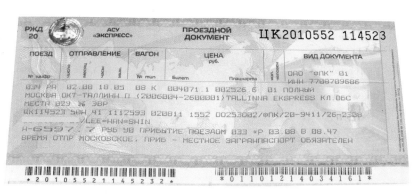

2011년 모스크바~탈린 4인용 2등칸 쿠페가 6,597.7루블로 1달러에 27루블이니 244.36달러다.
1달러에 1,056원으로 환산하면 258,044.16원이다.

어지러운 국내 공항인 풀코보 첫 번째 공항으로 향했다.

상트페테르부르크에는 두 개의 공항이 있는데 어젯밤 아내가 한국으로 떠난 국제선인 풀코보 두 번째 공항과 옛 소련 연방공화국을 이어주는 국내선인 풀코보 첫 번째 공항이 오히려 수많은 사람들로 복잡하고 숨가쁘게 움직이는데, 오일장이 열리는 시장만큼이나 시끌벅적하다.

이번 여행길에 아내와 상트페테르부르크에서 헤어져 곧바로 비행기로 하늘을 날아 러시아 영외 영토인 칼리닌그라드로 입국해 벨라루스와 우크라이나, 몰도바 여행을 마치고 한 달 후 다시 모스크바로 돌아오면서 나 홀로 발트 3국을 지나왔지만, 머지 않은 날 아내와 함께 다시 발트 3국을 여행할 것이다.

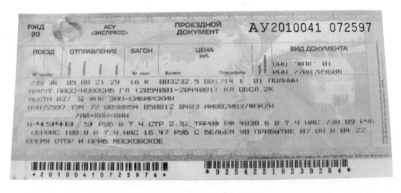

2011년 7월 30일 22시 15분 우즈베키스탄 타슈켄트 기차역을 출발해 3박4일 동안 64시간 55분을 달려 러시아 모스크바 카잔스키 기차역에 도착한 국제 열차표. 3등칸 쁠라치까르타 요금은 528,860숨으로 1달러에 은행 공식 환율은 1,700숨, 암달러 환율은 2,450숨. 이중 환율이 존재하지만 이 시점에 기차표는 공식 환율로 살 수밖에 없는데 311.09달러로 1달러에 1,056원으로 환산하면 약 328,511.04원이다. 2등칸 쿠페가 900,000숨, 529.41달러, 559,056.96원, 1등칸 룩스가 1,170,000숨, 약 688.24달러, 726,781.44원으로 룩스는 비행기값보다 더 비싸다.

상트페테르부르크에서 버스를 타고 에스토니아 나르바 국경선을 넘어 발트 3국으로 입국했던 시간도 있고, 2011년에는 중앙아시아의 우즈베키스탄 타슈켄트에서 국제 열차를 타고 3박4일간 러시아 모스크바까지 달려와 다시 에스토니아 탈린으로 1박2일간 기차를 타고 입국했었다.

모스크바에서 내린 역은 카잔스키 기차역, 에스토니아 탈린으로 가는 역은 레닌그라드스키 기차역에서 출발한다. 모스크바 레닌그라드스키 기차역 2층에는 에스토니아 탈린 기차표를 파는 전용 창구가 있으며, 모스크바 레닌그라드스키 기차역을 18시 5분에 출발해 다음 날 아침 8시 47분에 에스토니아 탈린 기차역에 도착하니 14시간 42분이 걸린다.

이 국제 열차는 타슈켄트에서 모스크바까지 3박4일간 약 5,000km를 타고 왔던 6인실 3등칸 쁠라치까르타 요금과 큰 차이가 나지 않지만, 3등칸 쁠라치까르타를 타고 모스크바로 올 땐 배불뚝이 남자 역무원이 함께 했고, 국제 열차를 타고 탈린으로 갈 때의 역무원은 비행기 스튜어디스 뺨치는 미모의 금발 아줌마 두 사람이 동행했고 침대도 푹신푹신했다.

배낭을 정리하기도 전에 역무원 아줌마가 살포시 다가와 인사를 한다.

"안녕하세요. 모스크바에서 탈린까지 손님을 모시고 갈 나타샤입니다. 커피를 드릴까요, 아니면 차를 드릴까요?"

나는 블랙커피, 녹차는 나와 마주 보며 단 둘이 한 침대칸에서 하룻밤을 함께 잘 러시아 아가씨 것이다. 생전에 보지도 못한 아리따운 아가씨와 한 침대칸에서 자며 여행을 했다고 하면, 주변에서 다음 여행갈 때 그런 여행 좀 시켜 달라고 하는 사람이 한둘이 아니다.

내가 옛 소련 연방공화국을 따라 기차여행을 하면서 침이 마르도록 자랑

했던 것은 처음 보는 미모의 여성과 단 둘이 그것도 닫혀 있는 침대칸에서 향기로운 커피와 차를 마시는 이 기분이다.

처음 만난 남녀가 작은 공간에서 마주 보고 잠을 자며 보내는 시간은 내가 이런 기분을 처음 경험했던 15년 전후에는 흥분되고 가슴이 쿵쾅쿵쾅 요동쳐 도무지 잠을 잘 수 없을 지경이었는데, 이제는 지금처럼 더운 여름에 반라의 여성을 눈앞에서 보고 있어도 아무 상관 없으니, 참으로 많은 생각을 하게 한다.

진지하게 책을 읽고 있어 이름밖에 묻지 않았지만, 오래된 친구처럼 조용한 적막이 흘러도 서로의 느낌을 알아준다.

우리나라에서는 모르는 아가씨나 아줌마와 단 둘이 엘리베이터를 타면 그 좁은 공간에서도 가급적 멀리 떨어져 있어야 안심이 되고, 비상계단을 뒤따라 오를 땐 숨이 콱콱 막히고 괜스레 오해받는 기분과는 전혀 다르다. 하루가 멀다하고 사건 사고가 터지니 이상한 사람 취급받기 십상이고, 지금처럼 한 평 남짓한 문이 닫혀 있는 좁은 공간에 같이 있다고 생각하면 정말 끔찍한 생각이 든다. 다음 날 탈린 기차역에 내릴 땐 가까운 연인처럼 손을 흔들며 서로 미소를 보냈다.

새벽 4시 30분 러시아 이반고로드 국경선에 도착하자 마약견을 데리고 올라탄 세 명의 군인과 세관원이 모두 걷어갔던 여권 중에 내 것을 제일 먼저 가져와서는 배낭과 카메라를 샅샅이 뒤졌다. 너무 오랜만에 당하는 배낭 검색이다. 먼지 털듯 훑고는 내 여권을 건네는데 기분이 상하긴 하지만 상대방 입장에서 보면 충분히 이해할 만하다.

곧이어 에스토니아 나르바 국경선에 다다르자 또다시 내 여권을 가지고 이리저리 넘기다가 좀 불안한지 여권을 가지고 세관원이 또 내린다. 러시아와 에스토니아를 버스나 기차를 타고 국경선을 넘을 때마다 내 여권과 비자 때문에 늘 소란스러운데, 이 국경선에서만큼은 딱딱한 러시아는 그렇다 치더라도 에스토니아가 EU, 즉 유럽연합 회원국이 맞는지 의심스러울 때가 한두 번이 아니다.

번거로운 여권 검사를 1시간 30분 만에 마치고 2년 만에 에스토니아에 다시 발을 디뎠는데, 그때와는 두 가지가 달라졌다. 육로로 입국할 때 반드시 필요로 했던 여행보험증명서를 확인하지 않는 것과 유로화를 사용하는데, 옛 에스토니아의 화폐 '크로니'는 이제 추억 속으로 사라졌다.

탈린 구시가지가 한 눈에 들어오는 톰페아 언덕의 간이의자에 앉아 발트 해를 바라보며 이런저런 사색에 잠겨 있는데 10여명 쯤 되는 한 무리의 아줌마, 아가씨들이 "이한신 선생님 아니세요?" 하며 다가왔다. 우르르 다들 나를 둘러싸고는 에스토니아에 여행 오기 전에 내가 쓴 책을 재미있게 읽었다며, 내일 새벽에 핀란드 헬싱키를 거쳐 한국으로 돌아가는데 저녁을 같이 먹자며 팔을 잡아당겼다.

내 팔짱을 끼고는 함께 사진을 찍고, 발트 3국 작가 선생님을 여기서 만났다면서 저녁 식사하면서 발트 3국 이야기를 해 달란다. 너무 갑작스럽고 당혹스러웠지만 나의 독자들인데 어찌 할 수가 없었다.

한국도 아니고 머나먼 에스토니아 탈린에서 나를 알아보고, 사진까지 같이 찍고, 내가 유명인사는 아니지만 그런 부류 사람들의 심정을 조금은 알 것

2011년 러시아올림픽위원회 멀티 비자

같은 착각에 빠진다. 서울도 아니고 탈린에서 조용한 시간을 갖고 싶었는데 내 뜻대로 가만 놔두지 않는다. 생각해 보니 세상사 내 뜻대로 다 이루어진다면 얼마나 싱거울까, 그나마 위안을 삼아본다.

다음 날 그런 환대를 뒤로 하고 칼리닌그라드로 향하는데 리투아니아 카우나스와 러시아 칼리닌그라드 국경선에 도착해서는 또다시 내 여권과 비자 때문에 한 시간 이상 소란스러웠다. 육로로 국경선을 넘을 때마다 내 여권과 비자 때문에 그냥 넘어가는 경우가 거의 없고 한바탕 야단법석을 떨고 지나가는데, 세관원들은 한국의 여행자가 이 국경선으로 입국을 하니 여권과 비자를 이리저리 비춰 보고 또 비춰 본다.

그러고는 내 오비르 영수증을 보더니 한국의 동해에서 배를 타고 블라디보스토크를 시작해 칼리닌그라드까지 기차와 버스를 타고 온 것을 확인하고는 더욱 더 여권과 비자가 진짜인지 가짜인지 여기저기 전화를 하고 난리가 아니다.

그러다 한참 후에 세관원이 물었다.

내가 받은 러시아 1년 비자의 초청장을 보낸 곳이 러시아올림픽위원회인데 러시아올림픽위원회 위원장을 아느냐 묻길래 '친구'라고 하자, 허겁지겁 스탬프를 찍어 주었다. 전형적인 러시아 스타일이다.

지루하게 버스에서 기다리던 승객들은 내가 올라오자 엄지손가락을 치켜세웠다.

15시 5분에 카우나스를 출발해 날이 캄캄해진 밤 21시가 다 되어 칼리닌그라드 쾨니크 버스터미널에 도착해 바로 옆 모텔로 올라가 여권을 내밀며 하룻밤 묵을 방을 달라고 하자, 새까맣게 탄 내 얼굴을 야릇하게 바라보며 카운터 아가씨가 미소를 지었다. 한국에서부터 배

칼리닌그라드 쾨니크 버스터미널에는 발트 3국뿐 아니라 유럽으로 향하는 국제버스가 편하게 운행한다.
'쾨니크'는 쾨니히스베르크를 줄인 러시아말로 국제버스터미널의 이름으로 사용되고 있다.
칼리닌그라드의 시민들은 러시아의 일부 도시가 옛 소련 시절에 변경된 이름으로 바꾸었듯이 칼리닌그라드도 도시 이름을 다시 쾨니히스베르크로 하자고 한다.

타고, 기차 타고, 버스 타고 칼리닌그라드에 왔다고 하자 믿기지 않는 모양이다.

칼리닌그라드 쿄니크 버스터미널

한국에서 칼리닌그라드까지 약 10,000km를 땅을 밟고 왔으니 그도 그럴 것이다.

2011년 여름에도 이렇게 칼리닌그라드에 왔었다. 하지만 그후 칼리닌그라드에 다시 올 것이라고는 전혀 생각하지 못했는데 어찌어찌하여 배낭 메고 걷다 보니 또다시 꼬불꼬불 돌아서 이렇게 먼 곳까지 거의 1년 만에 다시 오게 되었다.

칼리닌그라드 남부 버스터미널 내부

칼리닌그라드 남부 버스터미널

칼리닌그라드 Kaliningrad

전 세계 호박 생산량의 90%를 차지하고 있는 칼리닌그라드는 옛 소련 붕괴로 동북쪽은 리투아니아, 서남쪽으로는 폴란드, 서북쪽으로는 발트 해에 접해 있는 러시아 본토와 떨어진 고립된 영외 영토로 튜튼 기사단 국가 및 프로이센 공국과 동프로이센의 수도로서 과거에는 쾨니히스베르크로 불렸다.

'왕의 산'이라는 뜻의 쾨니히스베르크는 보헤미아의 왕 프르셰미슬 오타카르 2세의 권고로 튜튼 기사단이 세운 것으로 왕의 이름에서 유래되었다.

칼리닌그라드 남부 기차역

1340년 한자동맹에 가입했으며, 1457년부터 튜튼 기사단의 기사단장이, 1525~1618년에는 프로이센 공국의 군주들이 이곳에 머물렀다.

1701년 성의 예배당에서 브란덴부르크의 선제후 프리드리히 3세가 프로이센의 초대 왕 프리드리히 빌헬름 1세로 즉위했으며, 1724년 프리드리히 빌헬름 1세는 부근의 뢰베니히트와 크나이포프를 쾨니히스베르크와 합쳐 하나의 도시로 만들었다.

나폴레옹과의 전쟁 중에는 여러 차례 침략을 받았지만 프로이센은 나폴레옹에 대항해 봉기를 일으켜 성공했고, 1843년 착공되어 1905년에 완공된 독일의 요새가 아직도 남아 있다.

제2차 세계대전 전까지는 독일 북동부의 도시였지만 제2차 세계대전 이후 동프로이센의 북부 1/3가량이 옛 소련의 영토가 되었다. 1945년 포츠담 회담의 결과에 따라 옛 소련의 러시아 소비에트연방 사회주의공화국에 합병되었으며, 1946년에 옛 소련 최고소비에트의장 미하일 칼리닌이 죽자 그의 이름을 따 칼리닌그라드로 이름이 바뀌었다.

러시아의 수많은 도시들의 꼼나띠 옷띠하 중에 칼리닌그라드 남부 기차역 2층에 있는 것이 최고다. 이곳에서 머물다 가는 것도 좋은 추억으로 남을 만하다. 워낙 시설이 깨끗해 침대 하나 얻기도 힘들어 구걸하다시피 해서 2인실 중에 침대 하나를 겨우 구했는데, 역시 냉장고는 물론이고 샤워 딸린 화장실은 얼마나 닦고 문질렀는지 놀라울 정도로 반질반질 윤기가 났다.

이곳에서 일하는 대부분의 아줌마들은 내국인이든 외국인이든 여행자가 오면 일단 위아래를 훑어보고 우선 방이 없다고 하고선 나중에 보너스 준다

칼리닌그라드 여인숙에 해당되지만 웬만한 호텔보다 깨끗하고 청결한 꼼나띄 옷띄하

는 기분으로 침대를 내주는 야릇한 소비에트 스타일이 아직도 남아 있다. 거기에다 러시아 영외 영토인지라 기차역에는 무장한 젊은 군인들, 경찰들, 경비원들이 이중 삼중으로 경비를 서 주니 24시간 내내 특급 경호를 받는 셈으로 이보다 안전하고 완벽한 호텔은 없다.

칼리닌그라드 트람바이

칼리닌그라드 프레골야 강가의 왼쪽에 세계해양박물관, 오른쪽에 체육관이 보인다.

칼리닌그라드 사랑의 다리 위에 사랑을 영원히 간직하자는 뜻에서
바람나서 날아가지 못하도록 꼭꼭 메달아 놓은 열쇠.

칼리닌그라드 성과 칸트 묘

칼리닌그라드 스타라야(구) 프레골야 강에서 바라본 칸트 섬으로 독일 철학자 칸트(1724~1804)가 출생하고 사망한 곳으로 칸트 묘는 러시아 정교 성당에 있는데 이 성당은 과거 독일 루터파 교회였다.
독일인들의 방문이 끊이질 않지만 자국 출신인 세계적인 철학자 칸트의 유적지를 보기 위해 러시아로 와야 하는 역사의 아이러니를 경험하고 있다.

독일 땅에서 러시아 땅으로 운명이 바뀐 칸트 역시 러시아 땅에서 잠드는 운명에 빠졌다.
1544년에는 프로이센 공국의 군주 알브레히트 1세가 '순수한 루터교도'의 학문의 전당으로서 이곳에 콜레지움 알베르티눔을 세웠으며, 1724년 칼리닌그라드에서 태어난 칸트가 이 대학교에서 가르쳤지만 쾨니히스베르크가 옛 소련으로 넘어가면서 폐교되었고, 지금은 1967년에 새로 설립된 칼리닌그라드대학교가 있다.

칼리닌그라드 발레극장

ЯРМАРКА НАРОДНОГО ТВОРЧЕСТВА
ГОРОД МАСТЕРОВ

마침 칼리닌그라드 칸트 섬 축제가 한창으로 무대 아래에는 '국민 자랑 전시회, 마스테로르 시'라고
적혀 있다.

축제 다리에서 바라본 칼리닌그라드 물고기 마을 전경. 왼쪽 건물에서부터 소비에트 건물, 안내센터, 전망
대 'LightHouse', 프레골야 강 역, 호텔 'Skipper', SPA센터, 호텔들이 가지런하게 놓여 있다.
칼리닌그라드 축제 다리에 적혀 있는 글을 해석하면 아래와 같다.
'유빌레이니이 대교는 기느스베르크~칼리닌그라드 750주년을 기념하여 칼리닌그라드 시청 주최로 건설
되었고 건설업체는 니프스 칼리닌그라드로 2005년 7월에 완공하였다.'

물고기 마을의 동상들.

칼리닌그라드 2005년에 750주년을 맞이한 오벨리스크

칼리닌그라드 프레골야 강 위에 떠 있는 자동차

칼리닌그라드 승리 광장으로 왼쪽은 승리 탑, 오른쪽은 크리스트 성당

칼리닌그라드 승리광장의 수없이 많은
사람들이 오가는 길목에서 무아지경에
빠져 춤추는 아가씨

칼리닌그라드 카페에서 바이올린을 연주하는 여인

칼리닌그라드 노바야(신) 프레골야 강에서 바라본 구시가지

칼리닌그라드 전쟁기념비

칼리닌그라드 유럽 광장

세상 모르고 푹 자고 나서 기지개를 켜는데 크라스노야르스크에서 휴가 온 빅토르가 새벽에 나갔다가 들어왔다. 나와 한 방을 쓰는 체격 좋은 러시아 할아버지다.

"한국에서 온 친구! 잘 잤나!"

차와 빵, 맥주 등 먹을 것들이 책상 옆에 있으니 내 것처럼 언제든지 먹고 마시고 마음 편하게 칼리닌그라드에서 즐거운 시간을 보내라고 한다.

체격만큼이나 마음씨도 호탕하다.

칼리닌그라드에서 리투아니아 빌뉴스와 벨라루스 민스크를 거쳐 모스크바로 곧바로 가는 국제 열차가 있지만 발트 3국의 조용한 도시 몇 군데를 돌아보며 느릿느릿 가기로 했다. 어찌 보면 시베리아 횡단열차와는 어울리지

칼리닌그라드의 미녀들

칼리닌그라드 콘서트 홀

칼리닌그라드 제2차 세계대전 기념비에는
'1945년 4월. 인생을 바친 영웅들을 영원히
기억합니다'라고 적혀 있다.

칼리닌그라드 청사

칼리닌그라드 북부 기차역

칼리닌그라드에서 모스크바까지의
거리는 1081km

않는 여행이라고 할 수도 있지만 러시아 본토와 떨어진 칼리닌그라드를 하늘이 아닌 육로로 기차와 버스를 타고 이동한다면 당연히 발트 3국을 지날 수밖에 없는 여행이기도 하다.

칼리닌그라드에서 에코라인이나 유로라인 버스를 타면 발트 3국에서 유일하게 국경선을 접하고 있는 리투아니아의 빌뉴스나 그 밖의 다른 도시로 바로 갈 수 있는데, 우선 칼리닌그라드와 리투아니아의 사이에 실처럼 가느다랗게 발트 해를 가로지르는 니다 반도 위에 위치한 큐로니안 국립공원을 지나 클라이페다로 가기로 했다.

파란 해수욕장과 숲이 우거진 곳에서 피서를 즐기는 사람들로 큐로니안 국립공원은에는 고기 굽는 냄새가 진동했다. 그 향기를 맡으며 그냥 일부러 먼 길을 따라 클라이페다로 돌아갔다.

카우나스에서 칼리닌그라드로 입국할 때 카우나스 국경선에서 출국 스탬프를 찍지 않았는데 칼리닌그라드에서 클라이페다로 입국할 때도 클라이페다 국경선에서 입국 스탬프를 또 안 찍었다.

1985년부터 유럽 각국이 공통의 출입국 관리정책을 해서 국경에서의 검문검색 폐지와 여권검사 면제를 통해 국가 간의 통행에 제안을 없애 국경 철폐를 선언한 쉥겐 조약에 칼리닌그라드는 해당하지 않는데 입출국 스탬프를 찍지 않으니 이리저리 생각해도 모를 일이다.

클라이페다 구시가지 항구에는 다네 강을 구경하는 승객들을 실어 나르는 여객선이 오가는데, 구시가지 항구에서 왕복표를 사서 다네 강 바깥쪽을 구경하고 다시 돌아오지만 우리처럼 바깥쪽에 도착한 사람은 무임승차로 구시가지 안쪽 항구로 여객선을 타고 가는 보너스를 얻는다.

클라이페다 구시가지의 낯익은 거리 풍경을 보며 배낭을 짊어지고 느릿느릿 추억의 길을 따라 걷다 보니 오래된 친구들이 편안하게 나를 안내한다. 굴뚝 청소부 아저씨가 지붕 위에서 제일 먼저 나를 반기고, 그 다음으로 다네 강을 바라보며 서 있는 건장한 선장이 정겹게 큼지막한 손을 내민다.

옛 친구의 향기가 묻어나는 클라이페다에서 그 향기와 어울려 따스한 커피 한 잔 마시니 여기저기 친구들이 이곳에서 머물다 가라며 부르는 소리가 귓가에 맴돈다. 마냥 눌러앉고 싶은 클라이페다를 엉거주춤 일어나 고마운 아우가 기다리는 리투아니아 교육의 도시 카우나스로 발길을 돌려 버스터미

리투아니아 카우나스에서 서진석, 현정임 교수와 함께

널에 도착하니 서진석 교수가 창문 밖에서 손짓을 했다.

발트 3국에 관한 한 대한민국 최고의 학자를 카우나스에서 반 년 만에 다시 만나지만 서로 말이 필요없다.

배낭을 풀어놓자마자 맥주가 술술 넘어간다.

서울의 아내와 통화를 하니 몸이 몹시 불편하단다. 아마도 시베리아 횡단 열차 여행을 강행군한 후유증인가 했는데, 그보다 더 심한 듯했다.

"비행기 타고 곧장 한국으로 날아갈까?"

"괜찮아! 그곳까지 갔으니 천천히 돌아보고 와!"

부랴부랴 약 30일 전후해서 블라디보스토크에서 동해로 가는 배편을 예약해 놓았지만 자꾸 발걸음이 처진다.

카우나스의 구시가지 돌길을 걷다 보면 마음의 찌꺼기들이 저 멀리 달아난다. 중세의 어느 고성에 와 있는 착각이 들 만큼 조용히 머물다 가기에는 카우나스만한 곳도 드물다. 서진석 교수와 짧은 만남을 갖고 헤어지지만 서울이든 카우나스든 바로 옆집에 있는 것 같은 생각이 들 만큼 서로 가까이에 있다.

그렇게 잔잔한 카우나스에서 서진석 교수의 배웅을 받으며 버스터미널에서 차 한 잔 나누고는 가을쯤 아현동 순댓국집에서 만날 것을 기약하며 리투아니아, 벨라루스, 폴란드의 국경도시 드루스키닌케이행 버스에 올랐다.

소금기가 가득한 물로 여러 가지 질병을 치료한다는 드루스키닌케이는 네무나스 강변과 그루타스 공원을 따라 걷다 보면 요양 도시답게 숲과 호수 곳곳에서 요양소를 만난다. 드루스키닌케이에 머무는 동안 수영과 사우나를 즐기고 낭만적인 분위기의 콜로나다 카페에서 시원한 생맥주 한 잔 하면서 기나긴 여행을 하고 있는 나 같은 여행자가 하루 이틀 푹 쉬었다 가기에 금상첨화다.

빌뉴스에 도착해서는 버스터미널 바로 앞 게스트하우스 12인실에 3일간 예약했다. 샤워를 하고 주방에서 시원한 맥주를 한 잔 마시는데 누군가 "안녕하세요!" 하고 인사를 했다.

반가운 한국 아가씨였다.

카우나스~드루스키닌케이 버스표

드루스키닌케이의 풍경들

드루스키닌케이의 풍경들

　모 대학교 러시아과 졸업반 학생으로 학교도서관에서 내가 쓴 발트 3국 책 속에서 나를 봤다며 책을 읽고 용기를 얻어 영국으로 어학연수를 떠나면서 잠깐 발트 3국 여행을 하는 중이란다. 얼마 전 에스토니아 탈린에서처럼 이곳 빌뉴스에서도 나를 알아보는 아가씨가 또 있다. 새처럼 가볍게 날아가야 할 발트 3국 여행길이 점점 조심스럽고 발길이 두려워진다.

　빌뉴스 거리를 걷다 보면 영화배우 뺨치는 멋들어진 남자와 금발의 아가씨가 근사한 야외 카페에서 선글라스 끼고 담배를 피우며 식사나 맥주를 마시는 모습을 보고 있으면 거기까지는 거의 환상이다.

드루스키닌케이~빌뉴스 버스표

　여행하면서 그런 야외 카페에서 폼잡고 폼나게 피자나 케이크를 먹고 커피나 맥주를 마시는 것도 한두 번으로 족하다. 나는 이제 매끼 먹으려면 못 견딘다. 일 년에 한두 번 먹을까 말까 하는 피자를 하루 세 끼 음료수나 맥주와 함께 먹으려면 머리에 쥐가 날 것이다.

　그래서 지금은 고추장통을 들고 다니면서 시장이나 슈퍼마켓에 들러 오이나 고추

트라카이~빌뉴스, 빌뉴스~트라카이 왕복 버스표

몇 개를 준비해 밥먹을 때마다 고추장에 푹 찍어 먹거나 비벼 먹어야 직성이 풀린다. 이렇게 먹는 한국음식을 외국 여행자가 보면 거부감을 느끼는 것이 사실이지만, 그래야 밥을 먹은 기분이 드는데 어쩔 수 없다.

지금보다 좀 더 젊은 시절에는 몇 개월씩 여행을 해도 아무 곳에서 자고, 어떤 음식을 먹어도 김치나 깍두기, 고추장이나 된장 생각은 전혀 없었는데 이제는 내 청춘과 젊음도 여행과 함께 세월이 흘렀다.

게디미나스에 의해 빌뉴스가 수도가 되기 이전까지 리투아니아의 수도였던 트라카이를 잠시 다녀왔다. 빌뉴스에서 서쪽으로 대략 28km 떨어진 가까운 곳으로 14세기 고딕 양식으로 지어진 트라카이 성은 갈베 호수 위 동화 속 그림에 나오는 아름다운 자태를 뽐내고 있다.

트라카이 성

빌뉴스에서 리가로 향하면서 라트비아 제2 도시이자 러시아 국경선에 가까운 다우가우필스에 잠시 들렀다. 다우가우필스는 발트의 4국이라 불릴 만큼 10만 명의 인구 중에 60% 이상이 러시아 사람들로 이루어져 라트비아 안의 작은 러시아로 불린다.

빌뉴스~다우가우필스 버스표

19세기 후반에 지어진 운치 있고 정감 있는 건축물들은 다우가우필스 기차역에서 다우가바 강을 따라서 걷다 보면 만날 수 있고, 리가 거리를 장식하고 있는 가로수와 함께 시내로 들어설 때의 발길은 가뿐가뿐 걷는 시간이 즐겁다.

리가로 발걸음을 옮겨 작년에 머물던 버스터미널 2층 호스텔에 배낭을 내려놓았다. 리가에 오면 묻지도 않고 저절로 이곳으로 향하는데 기차역에 있는 '꼼나띄 옷띄하'인 셈으로 공동 샤워장과 화장실을 사용할 수 있는 1인실이 20라츠, 40달러 정도다. 비록 침대 하나와 세면대 거울 하나가 전부지만 나만의 공간을 가질 수 있어 좋다.

리가의 물가는 모스크바나 런던, 도쿄 물가가 와서 울고 간다고 할 정도다. 옛 소련 연방공화국 중에 여전히 초강력 환율로 1달러에 0.49라츠. 리가 구시가지에 가격이 좀 저렴한 게스트 하우스에는 배낭여행자들로 무척 시끄럽다.

트라카이 거리

다국적 배낭여행자들과 시끌버끌 야단법석인 방에서 머물던 시절이 떠오른다. 그런데 이제는 조용한 곳이 좋으니, 이것도 나이 탓인가.

이 호스텔의 장점은 발트 3국 전체에서 유일하게 숙박을 시간 단위로 쪼개서 잠을 잘 수 있다는 것이고, 단점은 버스터미널에 있다 보니 0시에 문을 닫는 다는 것이다.

누가 가끔 이런 질문을 한다.

옛 소련 연방공화국을 여행하면서 세계적으로 유명한 여행 책자에도 나오지 않는 이름 없는 호스텔이나 모텔들을 어떻게 찾느냐며 신기하단다.

그런 책자도 한계가 있기 마련이고 오랜 기간 동안 옛 소련 연방공화국을 여행한 경험이 우선이겠지만, 넓디넓은 옛 소련 연방공화국에는 24시간 바쁘게 움직이는 사람들을 위해 기차역과 버스터미널 근처에 저렴하게 머무를 수 있는 숙소가 잘 준비되어 있어 러시아어를 조금 이해한다면 어렵지 않게 머물 수 있다.

리가에 도착하니 인정사정없이 무자비하게 소나기가 내린다. 화창한 날이면 화창한 대로, 가을비가 내리면 가을비가 내리는 대로 어울리는 리가다.

벌써 두꺼운 외투에 털목도리를 한 모델같이 늘씬한 여성들이 심심찮게 눈에 띄는 리가 구시가지는 소나기가 내려도 숭늉처럼 구수한 냄새가 난다.

성 베드로 성당. 러시아 인구가 많은 다우가우필스임에도 러시아 정교회보다 로마 카톨릭 성당이 더 많다.

다우가우필스 거리의 풍경들

다우가우필스 거리의 풍경들

다우가우필스~리가 버스표

어제 저녁은 삼겹살에 보드카까지 넉넉하게 저녁상을 차려주고, 오늘 점심은 김치찌개에 거기에다 모스크바 가면서 기차 안에서 먹으라며 두 개의 김밥 도시락에 김치까지 푸짐하게 싸준 최일영 사장을 1년 만에 재회하자마자 또 헤어졌다. 말 그대로 만나자마자 헤어지는데 세상 살아가면서 이렇게 고마운 지인을 만난 것에 대해 하늘에 감사드린다.

풍성한 가을 들녘을 바라보며 수확을 앞두고 넉넉한 웃음을 짓고 있는 농부의 마음처럼 매번 리가에 올 때마다 말로 다할 수 없는 풍요로운 마음의 선물을 받는다.

서로 아쉬움을 남기고 리가를 떠나지만 미소를 지으며 아무 말도 하지 말란다. 무슨 말이 필요하냐는 뜻이다. 이렇게 헤어지고 만나는 것이 삶이고, 인생이고, 여행인 것을. 언젠가 리가 아니면 서울에서 또는 이 세상 어느 곳에서 다시 만날 것이다.

리가에 도착할 때부터 비가 내리더니 떠날 때까지 계속 쏟아졌다.

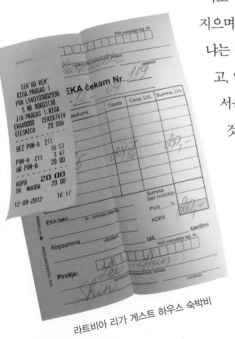

라트비아 리가 게스트 하우스 숙박비

리가에서 최일영 사장이 차려 준 밥상

리가Riga ~ 모스크바Moskva

16시 45분 라트비아 리가 기차역을 출발한 지 4시간 만에 질루페 국경선에 도착하자 보기 드물게 경쾌한 라트비아의 금발 미녀 세관원 아가씨가 올라와 스탬프를 쾅쾅 찍고 지나가는데 40분 만에 여권 검사를 마쳤다.

와! 빠르다.

15분 뒤 러시아 세붸제 국경선에 도착하자 여기서도 여자 세관원 세 명이 여권을 걷어가며 배낭여행자에게는 관심 없다는 듯이 스탬프를 팡팡 찍어 주었다.

리가~모스크바 리쥐스키 기차역 3등칸 쁠라치까르타 기차표.
63.14라츠로 1달러에 0.49라츠니 128.86달러다. 1달러에 1,137원으로 환산하면 146,513.82원이다.

이렇게 빠르게 여권 검사가 끝날 줄 몰랐는데 양쪽 국경선이 몰라보게 달라졌다. 기차로 국경선을 넘을 때 보통 서너 시간 이상 걸리기 십상이라 자정 무렵에 국경선에 도착하면 꼬빡 날밤을 새워야 하는데 지금처럼 이런 경우는 훼방꾼 없이 편안하게 잘 수 있다.

세붸제 기차역에서 모스크바로 가는 사람들이 무더기로 올라타니 텅 비었던 기차 안이 꽉 찼지만 0시 이전에 양쪽 국경선에서 입출국이 끝나 마음놓고 푹 잘 잤다. 어제 오후 16시 45분 라트비아 리가 기차역을 출발한 국제 열차는 16시간 55분 만에 오늘 아침 9시 40분 모스크바 리쥐스키 기차역에 도착하자마자 곧바로 지하철을 타고 야로슬라브스키 기차역으로 이동해 옴스크행 기차표를 예매하면서 무척 아름답고 친절한 역무원 아줌마를 만났다.

모스크바 지하철 표.

"안녕하세요! 오늘 톰스크 가는 3등칸 쁠라치까르타 기차표 있나요?"

"미안합니다. 매진되었습니다만 다른 곳으로 드릴까요?"

"예! 크라스노야르스크로 가는 3등칸 쁠라치까르타 기차표는 있습니까?"

"어쩌죠. 그곳으로 가는 표도 없지만 가고자 하는 곳에서 가까운 옴스크 가는 표는 딱 한 장 남아 있는데 괜찮겠습니까?"

"3등칸인가요?"

"네!"

"그럼 옴스크 표 한 장 주시죠."

"여권 주시겠습니까? 기차표 여기 있습니다. 혹시 더 필요하신 것 있으면 말씀하시죠!"

"없습니다."

"즐거운 여행 되세요. 언제라도 러시아를 다시 찾아 주시기 바랍니다."

"감사합니다."

노보시비리스크, 톰스크, 세베로바이칼스크, 이것저것 묻는데 표 파는 아줌마 인상 한번 쓰지 않고 끝까지 내 말을 들어주었다.

러시아 기차역에서 표를 사면서 이런 친절한 아줌마 만나기도 어렵고, 보기도 드물며, 서비스를 받기도 정말 힘들다. 이번 여행에서도 러시아 사람들의 아름다운 변화에 어리둥절했는데 모스크바를 떠나는 순간까지 친절의 극치를 맛보았다.

모스크바 야로슬라브스키 기차역에서 모스크바 시간 16시 20분에 출발해 2박3일간 기차 안에서 생활하다 보면 모스크바 시간으로 9월 16일 아침 7시 51분 옴스크 기차역에 도착하는 표다. 오래전에 나와 함께 시베리아 횡단열차 여행을 했던 이가 이런 질문을 했다. 아니, 어떻게 러시아 전역의 기차역을 지도를 보지 않고 척척 알고 있는지 의문이란다.

또 다른 이는 서울의 지하철을 타듯이 시베리아 횡단열차를 탄다며 피식 웃는데, 이 모든 것이 경험에서 나온다. 베이컨의 말대로 여행이란 젊은이들에게는 교육의 일부이며, 연장자들에게는 경험의 일부이기 때문이다.

야로슬라브스키 기차역 지하에 있는 짐 보관소에 배낭을 맡기고는 근처 대형 슈퍼마켓에 들러 옴스크까지 가면서 기차 안에서 먹을 음식을 한 보따리 준비하고 야로슬라브스키 기차역에서 휴식을 취했다.

모스크바 야로슬라브스키 기차역 지하 짐 보관소. 옛 소련 연방공화국의 기차역과 버스터미널에는 짐을 맡기는 보관소가 있어 잠깐 그곳을 돌아볼 땐 짐을 시간 단위로 또는 하루 이틀 맡길 수 있어 참으로 편리하다.

라트비아 리가에서 최일영 사장이 준비해 준 김밥 도시락 1개와 김치를 뜯어 기차역 2층 대합실에서 맛나게 점심을 해결하는 그 자체가 돌아보면 즐거운 추억이다.

　리투아니아 카우나스에서부터 라트비아 리가를 거쳐 러시아의 모스크바 야로슬라브스키 기차역까지 든든하게 한국음식으로 식사를 한 후 이렇게 또다시 언제 올지 모를 모스크바를 떠난다.

　영화의 제목처럼 모스크바여 안녕!

　언젠가 무심코 또다시 모스크바에 발을 디딜 것이다.

최일영 사장이 포장해 준 김밥과 김치를 야로슬라브스키 기차역 2층 대합실에서 맛있게 먹었다.

모스크바 Moskva ~옴스크 Omsk
2,716km 39시간 31분

모스크바를 출발해 앞으로 2,716km를 39시간 31분 동안 기차 안에서 보내야 하는데 한숨 푹 자고 일어나니 밤새 가을비가 내렸다. 아침 8시 56분 발레지노 기차역에 23분간 정차하자 많은 사람들이 내려 아침을 맞이했다.

며칠씩 가는 기차 안에서 자고 나면 아무리 익숙한 러시아 사람들이라 해도 몸이 물 먹은 하마처럼 무거울 수밖에 없다. 남녀노소 할 것 없이 플랫폼에 내려가 왔다 갔다 하며 가볍게 몸을 풀기도 하고, 몸이 으스러질 정도로

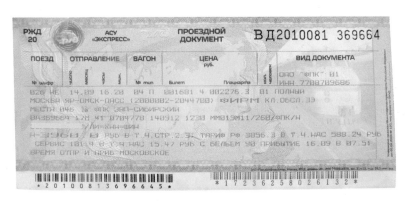

모스크바 야로슬라브스키 기차역~옴스크 3등칸 쁠라치까르타 기차표.
3,960루블로 1달러에 31.86루블이니 124.29달러다. 1달러에 1,137원으로 환산하면 141,317.73원이다.

모스크바~옴스크 기차 안에서

기지개를 켜는 이들도 있고, 옷을 벗고 일광
욕을 하는 사람도 있다.

또 하룻밤을 지내려면 이것저것 필요하니
기차가 떠날 땐 마실 것, 먹을 것 등을 한아
름씩 사가지고 올라와 나 같은 여행자에게
술잔을 건네는 러시아 나그네들도 있다.

옴스크로 향하는 시베리아 횡단열차를 타
고 가면서 가을 냄새를 만끽했다. 하늘을 찌
르는 자작나무가, 소나무가, 활엽수가 노랗
고 빨갛게 물들어 가고, 끝이 보이지 않는
시베리아의 가을은 기찻길만큼이나 가도 가
도 멈출 것 같지 않다.

멈출 것 같지 않은 이 가을에 머리부터 발
끝까지 모든 잡념을 훌훌 털어버리고 카메
라가 아닌 나의 눈으로 마음속에 한 장 두
장 시베리아를 담아간다.

쾌락은 우리를 자기 자신으로부터 떼어
놓지만 여행은 스스로에게 자신을 다시 끌
고 가는 하나의 고행이라고 카뮈는 말했다.
시베리아 횡단열차 여행길을 가다 보니 그
동안 나의 지나온 추억의 여행길이 하나 둘
씩 저절로 묻어난다.

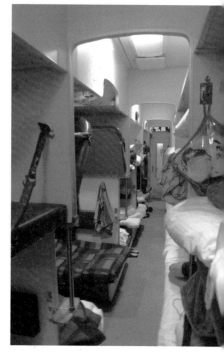

옴스크 Omsk

보통 시베리아 횡단열차 차량이 스무 칸이 넘는 것을 감안하면 지금 내가 타고 가는 시베리아 횡단열차는 겨우 열두 칸으로, 두 칸은 옴스크까지 그리고 열 칸은 옴스크에서 7시간 10분을 더 달려 노보시비리스크까지 간다.

옴스크 기차역

아침 6시가 되자 남녀 역무원이 잠자는 승객들을 모두 깨운다. 밤늦게까지 보드카를 마신 러시아 청년들은 억지로 눈을 떴다. 모스크바 시간 4시 51분, 옴스크 시간 7시 51분에 날씨가 잔뜩 흐려 음산하기만 한 옴스크 기차역에 도착했다.

옴스크가 모스크바보다 3시간 빠르다.

기차역에 내리자마자 여지없이 세베로바이칼스크 기차표를 바로 끊은 다음 기차역 3층에 있는 꼼나띠 옷띄하의 3인실 침대 하나를 얻었다.

이가 다 빠진 할아버지, 매사에 시비 걸 듯 말을 걸어오는 나와 나이가 비슷해 보이는 중년 남자와 함께 방을 쓰는데, 할아버지 말씀은 발음이 새어 도무지 알아들을 수가 없었다.

쉬지 않고 계속해서 말을 걸어오는데 그 할아버지나 나나 똑같은 러시아어를 하는데 서로 안 통한다. 이빨 사이로 바람 새는 러시아 말과 발음이 뚝뚝 끊어지는 러시아 말이 서로 오가니 제대로 통할 리가 없는데, 서로 말이 통하려면 아마도 보드카 한 잔 해야 통할 것 같다.

짜증나는 아저씨는 여자 아이 같은 목소리로 여기저기 전화를 하고, 밤새 TV를 켜놓아 침대에 누웠지만 맨정신으로 잠을 잘 수 없을 정도로 신경이 쓰였다.

옴스크 기차역의 꼼나띠 옷띄하
오비르 영수증

219

옴스크 전쟁기념비. '2045년의 자손을 위하여'라는 글과 바닥에는 '국가 영웅
들의 기념비로 소련 국민의 제2차 세계대전인 1941~1945 승리 40주년'이라
고 적혀 있다.

옴스크의 노부부, 무엇을 바라보고 계실까!

옴스크 철도국

옴스크 마르크사 거리

옴스크 지역 문화유산건축물인 시청 건물로 1897~1907년에 국가보호물로 지정되었다.

옴스크 세인트 성당

옴스크 필하모니

옴스크 할아버지

옴스크 레닌 거리로 왼쪽은 리모델링중인 10월 호텔

옴스크 거리 벽면에 '러시아인을 위한 러시아' 라고 적혀 있다.

'공짜로 안아줍니다(Free Hug)'라는 팻말을 들고 있는 아름다운 두 아가씨와 포옹을 했을까 안 했을까?

맨홀 공사하는 일반 노동자를 상징하는 소비에트 시절의 조형물 중 하나로 옴스크의 명물인 배관공 스테판이다.

제2차 세계대전을 겪은 후 옴스크에 건설된 각종 군수공장에서 일하는 노동자들을 대변하는 모습으로 우리나라도 1960~1970년대에 간호사와 광부들이 독일로 건너가 일하던 시절과 1970년대 말 중동 건설현장에서 일하던 노동자들이 있어 지금의 대한민국이 있었을 것이다.

옴스크를 다시 여행하고 싶은 사람은 이 벤치에 앉아 봐야 한다는 전설이 내려오는 류바의 연인이다.
나는 이 의자에 앉아 지금까지 내가 살아오면서 부족했던 것들과 앞으로 올바른 마음으로 살아가야 함을,
그리고 나의 가족과 친구들과 그 밖의 사람들에게 따스한 사람으로 기억될 수 있도록 기원했다.

옴스크 쇼핑센터

서북쪽으로는 튜멘, 동쪽으로는 노보시비리스크와 톰스크로, 남쪽으로는 카자흐스탄과 국경선이 가까이 있는 옴스크는 1719년 이르띄쉬 강과 오뜨 강이 만나는 지점에 코사크 부대의 목조 부대에서 지금의 옴스크로 발전하였고, 19세기 말에는 범죄자들을 유배시키는 시베리아의 도시 중 한 곳으로 1849~1853년까지 우리에게 너무 유명한 도스토예프스키가 옴스크에서 복역한 사실은 옴스크를 모르 것만큼 너무 낯설다.

1849년 봄 도스토예프스키는 페트라세프스키 사건에 연루되어 다른 회원들과 함께 체포되어 사형선고를 받았다. 그러나 총살 직전에 황제의 특사로 징역형으로 감형되어 옴스크에서 5년간 감옥생활을 보냈다.

옴스크 서커스

누가 저 높은 전기 줄 위에
신발을 걸어 놓았을까!

옴스크Omsk ~ 세베로바이칼스크Severobaikalsk
2,863km 48시간 26분

어제는 최악의 밤을 보냈다.

나이 든 노인은 잠이 없고, 다른 중년 남자는 새벽까지 TV를 켰다 껐다 반복하고 밤새 휴대폰으로 누군가와 통화를 했다. 참다 참다 할 수 없이 새벽 1시에 밖으로 나가니 꼼냐띠 옷띠하 안내 아가씨 리따가 물었다.

"Mr Lee! 이 늦은 시간에 어디 가세요!"

"리따! 이 근처에 영업하는 슈퍼마켓 있어요?"

"왜요?"

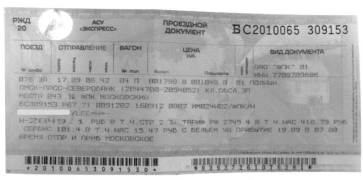

옴스크~세베로바이칼스크 3등칸 쁠라치까르타 기차표.
2,849.1루블로 1달러에 31.86루블로 89.43달러다. 1달러에 1,137원으로 환산하면 101,681.91원이다.

석탄도 보충하고 물도 보충하고

노보시비리스크 기차역.
14시 55분 13도를 가리키고 있다.

"잠을 잘 수가 없어 보드카 한 병 사러 나갑니다."
"무슨 일 있어요?"
"방 안이 너무 시끄러워 보드카 한 잔 마셔야 잠이 올 것 같아서요!"
리따가 잠시 기다리란다.
"Mr Lee! 이젠 들어가 보세요."
무슨 말을 했는지 방 안이 조용해졌다. 역시 주인이 왕인 호텔이다.

그런 밤을 보내고 아침에 세베로바이칼스크행 기차에 올랐다. 모스크바 시간 3시 42분, 옴스크 시간 6시 42분에 옴스크 기차역을 출발해 내일 모레 모스크바 시간 9월 19일 아침 7시 8분 세베로바이칼스크 기차역에 도착한다.

아내와 함께 블라디보스토크에서 상트페테르부르크로 향하면서 들렀던 노보시비리스크 기차역에 53분간 정차했는데, 플랫폼의 온도계가 13도를 가리킨다. 제법 쌀쌀하다.

모스크바에서 노보시비리스크까지

3,343km를 달려왔으니 기차도 기운이 빠질 것이다. 석탄과 물을 보충하고 앞 기관차도 바꾸었다. 기차 한 량에 36석, 창가에 18석, 모두 54명이 화장실을 사용하고, 세수와 양치질하고, 차와 커피, 라면이나 죽을 따스하게 먹으려면 빼치카의 뜨거운 물도 꽤나 필요하다. 기차 안 빼치카의 뜨거운 물로 이런저런 간이음식을 만들어 먹으면서 약간의 불편함 속에서도 편안함을 느끼는 아날로그 감정은 기차여행에서만 느낄 수 있는 포근함이다.

내 윗 침대에서 잘 청년이 강아지 한 마리를 데리고 올라탔다. 눅눅한 사람 냄새에 강아지 냄새까지 퀴퀴하다.

내 침대에 앉아도 되느냐고 묻기에 앉으라고 하자, 어디가 아픈지 꽤나 힘들어 하는데 데리고 올라온 강아지마저 깨갱거리자 할 수 없이 풀어놓으니 기차 안 여기저기 돌아다니면서 오줌과 똥을 싼다. 러시아 사람들 눈초리가 죽을 상이다.

도시락 라면을 먹으면서 캔맥주를 건네자 처음에는 안 마신다고 하더니 목이 말랐는지 다 마셔 버렸다. 이 청년은 키르기스스탄 오쉬에 사는 또 우즈베크인이다.

올봄에 오쉬와 우즈베키스탄을 여행했다 하자 신기한 듯 바라보면서 도시락 라면을 반쯤 먹었을 때 그가 그들의 주식인 빵 '논'을 내밀었다.

내가 맛있게 뜯어 먹자 더 먹으라며 그냥 한 개를 준다. 그 대가로 1층 내 침대 바로 아래에서 밤새 강아지가 깨갱거리는 소리를 들어야 했는데, 러시아 사람들 잘도 참는다. 화를 낼 법도 한데 소리치는 사람도 없고 너무 시끄럽게 짖어대면 새벽에 일어나 강아지를 쓰다듬어 줄 땐 북극곰이란 별명을 가진 러시아 사람들답지 않게 순한 펭귄 같다.

시베리아 횡단열차와 바이칼 아무르 철도 노선이 타이쉐트 기차역에서 갈라진다. 타이쉐트에서 크라스노야르스크까지는 서쪽으로 417km, 동쪽으로 바이칼 호수의 이르쿠츠크까지는 670km, 내가 가고자 하는 세베로바이칼스크까지는 1,064km 17시간 떨어져 있다.

모스크바에서 타이쉐트까지 4,515km를 달려왔고, 타이쉐트에서 소베츠카야 가반나까지 4,319km를 더 달려가야 하는데 모스크바에서 소베츠카야 가반나까지의 제2 시베리아 횡단열차로 알고 있는 BAM 철도길이는 8,834km다. 타이쉐트부터 또 다른 제2 시베리아 횡단열차인 바이칼 아무르 철도여행이 본격적으로 시작되는데, 우리에게 잘 알려지지 않은 BAM 철도길 위를 달리게 된다.

타이쉐트 기차역. 10시 39분을 가리키고 있다.

보통 러시아 사람들은 세베로바이칼스크와 콤소몰스크 나 아무르 주요 노선이라 부르는데, 짧게는 바이칼 아무르 노선이라고도 하는 바로 제2 시베리아 횡단열차는 용기 있는 소수의 여행자들이 여행하는 길이다. 제1 시베리아 횡단열차 여행길도 외로움이 한이 없는데 바이칼 아무르 철길은 더없이 외롭고, 한적하고, 이유 없이 쓸쓸해져야 갈 수 있는 슬픈 길이다.

서양 속담에 여행은 사람을 순수하게 그러나 강하게 만들어 준다고 하는데, 이 길이 그 길이다. 내가 지금 지나는 철길은 울긋불긋 단풍이 든 가을이나, 하얀 눈이 기차 바퀴를 훌쩍 넘게 쌓인 겨울이나 더욱 더 혼자만에 익숙해져야 갈 수 있는 길이다.

BAM 철도, 즉 바이칼 아무르 철도는 스탈린 시대에 제1차 5개년 계획으로 1928~1932년 사이에 건설이 시작되었으나 제2차 세계대전으로 잠시 중단됐다가 1984년에 완성되었다. 기존 시베리아 철도의 북방 철도와 병행해 건설한 철도다.

BAM 철도 건설은 스탈린 공산당 서기장 때 처음에는 강제노동수용소 죄수들의 노역에 의존했으나 1964년 레오니드 브레즈네프 공산당 서기장이 실권을 잡은 후에는 강제노동자에 의해 더럽혀지지 않고 깨끗한 손으로 건설할 것을 발표하고 시민들이 앞장서서 참여해 달라고 호소했다.

그래서 1960~1970년대에는 군인, 학생, 근로자 등 남녀노소 할 것 없이 총동원되어 완성하였다.

험난한 오르막길을 오르느라 기차 바퀴가 삐끄덕 삐그덕 소리가 들린다. 기차도 점점 힘들어 한다.

4시간 전에 13도였는데 기온도 뚝뚝 떨어져 8도다. 이렇게 기온이 계속해서 내려가니 여기 사람들은 벌써부터 방한모에 방한복, 부츠까지, 밤새 모르는 사람들이 내리고 타고, 기차 안이 동대문 새벽시장 같다.

윗 침대칸도 부산했다. 눈을 떠 보니 어느 역인지 몰라도 알렉이 내리며 손을 건넸다.

"Mr Lee! 나 지금 내려."

"알렉! 잘 가! 만나서 반가웠어!"

"고마워, Mr Lee!"

침대에 누워 힘주어 악수를 하자 엄지손가락을 치켜들었다.

나도 똑같이 화답했다.

세베로바이칼스크, 8시간 전이다.

세베로바이칼스크 Severobaikalsk

아침 7시 08분 세베로바이칼스크 기차역에 도착하니 이젠 한국과 시간이
동일하다. 세베로바이칼스크가 모스크바보다 5시간 빠르다.

세베로는 북쪽, 바이칼스크는 도시, 북쪽에 있는 도시, 즉 북쪽의 바이칼로
러시아의 기차역 중 위도상으로 가장 북쪽에 위치한 기차역 중 한 곳으로 큰
역으로 치면 가장 북쪽에 있는 기차역인 셈이다.

세베로바이칼스크 기차역

세베로바이칼스크 기차역에서

세베로바이칼스크 기차역에서

세베로바이칼스크 기차역 지붕에 거대한 콘크리트 스키 점프대가 있다. 지붕은 항해를 의미하고 이 역의 후원 도시이자 바다를 지향하는 상트페테르부르크 도시를 상징한다.

이제는 추석이 멀지 않아 한 번에 세 장의 티켓을 끊어야 하는데 9월 26일 오후 14시 블라디보스토크에서 동해로 가는 배표를 예약해 놨기에 그 시간에 맞춰서 기차표를 예약하지 않으면 이번 추석도 서울에서 보내기 힘들다.

세베로바이칼스크에서 띤다와 콤소몰스크 나 아무르를 거쳐 블라디보스토크까지 기차표를 예약하려면 특히 시간에 유의해야 한다. 바이칼 아무르 철도의 세베로바이칼스크를 지나는 기차는 북쪽의 예르윤기리로 향하는 기차와 동쪽의 소베츠카야 가반나로 향하는 기차가 하루에 한 번, 그리고 이틀에 한 번 꼴로 있어서 신경 써야 한다.

읍면과 같이 자그마한 동네 세베로바이칼스크는 지구에서 가장 아름다운 바이칼 호수의 북단에 위치하고 있는 독특하고 아름다운 도시로 이르쿠츠크에서 자그마치 490km 떨어진 북동쪽에 있다.
세베로바이칼스크 바이칼 호수를 바라보고 있으니 내 자신이 얼마나 보잘것없이 작은가를 깨닫게 된다.
바이칼 아무르 철도로 인해 인위적으로 만들어진 세베로바이칼스크는 북쪽의 바이칼 호수를 내려다볼 수 있는 경사진 언덕에 있어 조용히 머물다 가기에는 최상의 마을이다.

대부분의 여행자들은 바이칼 호수를 보려고 이르쿠츠크와 울란우데 사이의 슬루디안카나 바이칼스크에서 바이칼 호수 남쪽만 보는데 세베로바이칼스크는 남쪽 호수에서 약 640km 떨어져 있어 태고의 모습을 볼 수 있다.
프리벨이 말한 "여행은 인간을 겸손하게 만든다. 세상에서 인간이 차지하는 영역이 얼마나 작은 것인가를 깨닫게 해 준다." 라는 것을 바이칼 호수를 바라보며 새삼 느낀다.
짙은 청록색 내륙에 위치한 바다에 온통 산으로 둘러있어 주변에는 집이 하나도 없는 것처럼 수평선 너머로 해안이 사라지는 광경은 장관이다.

세베로바이칼스크~띤다, 띤다~콤소몰스크 나 아무르, 콤소몰스크 나 아무르~블라디보스토크 기차표

특히 예르윤기리는 레나 강에 접해 있는 사하 공화국의 수도로 겨울이면 영하 30~50도 사이로 전 세계에서 겨울 날씨가 가장 추운 곳으로 알려진 야쿠츠크로 갈 때 마지막 기차 종점이기도 하다. 그리고 소베츠카야 가반나는 사할린으로 배를 타고 가는 항구 도시다.

세베로바이칼스크는 5시간, 띤다는 6시간, 콤소몰스크 나 아무르와 블라디보스토크는 7시간이 모스크바 시간보다 빠르기 때문에 기차표를 사서 시간 계산하는 것이 무슨 수학 공식 푸는 것 같다. 중간에 한 번이라도 시간이 맞지 않으면 또 다시 추석을 시베리아 횡단열차 여행을 하면서 보내게 된다.

세베로바이칼스크 동방 정교회

세베로바이칼스크 전쟁기념비

세베로바이칼스크 트로고비 광장

　오후 네다섯 시면 해가 떨어지고 시베리아 먼지바람이 분다. 기차역에서 겨우 10분 정도 떨어진 번화가의 식당이나 슈퍼마켓도 일고여덟 시를 넘기지 않는 아기자기한 이런 곳에서 머물며 마냥 신나게 보냈다.

　지진에 대비해 레닌그라드 건축가의 설계에 따라 지어진 최고의 휴양지인 아주 조용한 마을 세베로바이칼스크에서 마음 편히 2박3일을 보냈다.
　화물기차를 포함해서 하루에 몇 대 정도의 기차밖에 지나지 않고, 기차역 꼼나띠 옷떠하에서 잠을 자는 사람도 나밖에 없어 조용하고 아담한 안락한 호텔을 통째로 빌린 듯했다.

　사놓은 세 장의 기차표를 훑어보다가 블라디보스토크에 머물기보다는 콤
소몰스크 나 아무르에서 하루 더 여행을 하는 것이 편안할 것 같아 콤소몰스
크 나 아무르~블라디보스토크 구간 기차표를 변경했다.

　변경 비용 141 러시아 루블로 여기서도 마음이 눈 녹듯이 친절하고 부드
러운 역무원 아줌마를 만났다.

이번 시베리아 횡단열차 여행 중에 세베로바이칼스크에서 얻은 최고의 선물인 벽면 낙서 그림 빅토르 로베르토비치 초이다.

본명 빅토르 로베르토비치 초이는 고려인 2세 아버지와 우크라이나계 러시아인 어머니 사이에서 태어난 한인 3세로 1962년 6월 21일 소비에트 연방 카자흐스탄 소비에트 사회주의 공화국 키질로르다에서 출생하였다. 5세 때인 1967년 일가족과 함께 소비에트 연방 레닌그라드, 지금의 상트페테르부르크로 이주하여 1980년대 초부터 상트페테르부르크에서 음악활동을 시작했다.

1984년에 결성된 소비에트 연방의 전설적인 4인조 록그룹 키노의 리더인 빅토르 로베르토비치 초이는 소비에트 연방의 유명한 록 가수로 싱어 송 라이터 겸 영화배우로 활동했다.

그런 와중에 인기 절정이던 1990년 8월 15일 소비에트 연방 라트비아 소비에트 사회주의 공화국 리가에서 운전하던 중 투쿰스에서 의문의 교통사고를 당해 불행히도 세상을 떠났다.

사고 원인은 졸음운전으로 발표했지만 고르바초프의 페레스트로이카(개혁)와 글라스노스트(개방)의 열풍이 몰아칠 무렵 록 음악을 불허한 소비에트 연방의 비밀조직이 교통사고를 가장해 그를 살해했다는 의혹이 지금도 떠돈다.

옛 소련 말 혼란의 시대에 러시아 특유의 우울한 선율에 저항과 자유의 메시지를 담은 노래로 젊은이들의 우상으로 지금까지도 러시아 록의 선구자로 옛 소련 연방공화국의 많은 팬들이 그를 기억하고 있다. 그가 숨진 후 모스크바 아르바트 거리에는 추모의 벽이 설치됐고, 1993년에는 모스크바 콘서트홀 명예가수 전당에 올랐다.

지난 6월 21일 빅토르 로베르토비치 초이 탄생 50주년을 맞이해 그의 러시아 고향 상트페테르부르크에서 각종 행사가 열렸으며, 옛 소련 전역에서 추모 열기에 휩싸였을 정도로 러시아인들의 변함없는 사랑을 받고 있는 러시아 음악계의 전설 빅토르 로베르토비치 초이를 생전에 만나지는 못했지만 그의 생생한 얼굴을 50주년 하고도 3개월 후인 9월 21일 러시아 세베로바이칼스크의 시골길을 지나다 마을 벽면에서 만났다.

27살에 요절한 자유의 상징 제니스 조플린이나 28살에 세상을 떠난 영혼을 노래한 지미 핸드릭스가 떠오른다. 천재 음악가들은 모두 왜 이리 세상을 일찍 떠나는 걸까!

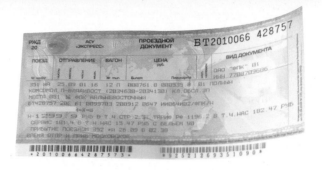

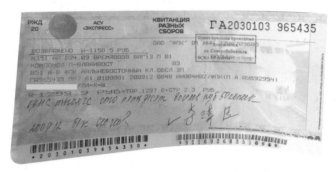

콤소몰스크 나 아무르~블라디보스토크 변경 기차표

주식이 되어 버린 도시락 컵라면부터 야채까지 내일부터 며칠간 또 기차 여행하는 동안 먹을 것을 준비했다.

시베리아 횡단열차를 수십 번 탔으니 그만큼 컵라면도 엄청 먹었다는 얘기인데, 먹고 싶어서 먹은 것이 아니라 어쩔 수 없이 먹긴 했지만 하루 세 끼 컵라면으로 다 해결한 적이 한두 번이 아니다.

한국에서는 일 년에 한두 번 먹을까 말까 하지만 기차 안에서 따스하게 가장 손쉽게 먹을 수 있는 것이 차와 빵 그리고 컵라면이 아닐까 싶다. 그래서인지 먹거리 준비할 때 번거롭지만 가장 많은 부피를 차지하는 것이 바로 컵라면이다.

손바닥만한 마을에서 산책을 하다 만난 꼬마 아가씨들을 다시 만났다. 반갑다고 아는 체를 했다. 경찰들도 먼저 인사를 건넸다. 15년 전, 아니 10년,

5년 전만 하더라도 러시아를 여행하는 여행자의 공공의 적이었던 러시아 경찰들이 이제는 러시아를 여행하는 동안 가까운 친구가 되었다.

호텔, 길, 기차역 등 내가 궁금할 때 제일 먼저 찾는 사람이 바로 러시아 경찰로, 때론 먼저 다가와 해결해 주곤 한다.

과거에 시베리아 횡단열차 여행을 할 때 수없이 검문검색을 당하고 심지어는 돈까지 떼이던 추억까지 지금 생각하면 두손 두발 다 들었던 시절도 있었는데, 이젠 정말 많이 변했다.

이렇듯 세상은 달라지고, 변화하고, 새로운 모습으로 거듭나듯이 나 또한 세월이 흘러갈수록 마음 넉넉한 아름다운 노년의 모습으로 가기 위해 노력해야 하는데, 뜻대로 잘 안 된다.

세베로바이칼스크~콤소몰스크 나 아무르 기차 안에서 먹을 것들

베로바이칼스크 거리를 달리는 한국 마을버스

세베로바이칼스크 거리

세베로바이칼스크. 소련 60주년 거리로 자동차 부품, 의류와 각종 상가들이 즐비하다.

세베로바이칼스크 Severobaikalsk ~ 띤다 Tynda
1,300km 26시간 27분

   모스크바 시간 7시 55분, 세베로바이칼스크 시간 12시 55분에 세베로바이칼스크 기차역을 출발해 모스크바 시간으로 9월 22일 10시 22분에 띤다 기차역에 도착한다. 세베로바이칼스크에서 2박3일간 머물다 또다시 모스크바 시간 9월 21~23일 2박3일간 현지 시간 9월 21~24일 3박4일간 기차여행을 시작하게 된다.

   모스크바 시간과 현지 시간이 차이가 나는 것은 워낙 넓은 러시아라 나도 모스크바 시간과 현지 시간이 어지러울 때가 종종 있다.

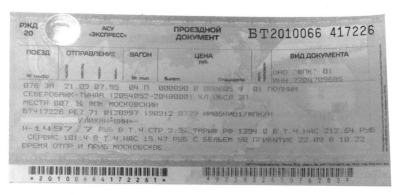

세베로바이칼스크~띤다 3등칸 쁠라치까르타 기차표.
1,497.7루블로 1달러에 31.86루블로 47.01달러다. 1달러에 1,137원으로 환산하면 53,450.37원이다.

내가 탄 BAM 기차가 약 2,700m 높이의 시베리아 알프스라 불리는 코다산을 지그재그 철도를 따라 넘을 때 사람들은 기차 창가에 기대어 그 광경에 흠뻑 빠져 고요한 함성을 지르고, 약 16km의 긴 세베로뮤스키 터널을 지날 땐 눈부신 광대한 계곡과 바이칼 호수 북쪽 기슭을 벗어나면서 철도의 쓸쓸함만큼이나 계곡도 적막하다.

시베리아 시골 마을의 황량함과 바이칼 호수가 어우러진 한 폭의 풍경화가 여행자에게 뜻하지 않은 선물을 건네는 건 바이칼 아무르 철도여행의 매력 중의 매력이다.

세베로바이칼스크에서 띤다 가는 기차 안에서 만난 꼬마 아가씨들

같은 침대칸에 탄 이마 위에 약 5cm의 칼자국이 선명한 제냐가 슈까를 사왔다. 우리가 흔히 알고 있는 바이칼 호수의 명물 고기인 오물보다 더 크고 맛

있는 형님뻘 되는 고기로 보드카와 함께 손으로 찢어 먹는 쫄깃쫄깃한 맛이 일
품이다. 윗 침대에 있는 또 다른 러시아 청년 세르게이가 보드카와 커다란 맥
주통을 들고 오는데, 이 친구도 턱 밑에 8cm 가량의 흉터가 있다.

노보이 유린역에서 제냐가 사온 오물보다 더 큰 물고기 슈까와 바이칼 보드카

15시부터 슈까 물고기로 시작된 맥주가 보드카로 다시 맥주로 이어져 거의
자정이 다 돼서야 마무리되는가 싶더니 옆 침대칸 네 명의 청년들까지 합석하
여 자리가 커졌다. 러시아 보드카는 50리터, 100리터, 250리터, 500리터, 750
리터, 1리터, 3리터 등 양의 크기와 수가 다양해 취향에 따라 골고루 선택할 수
있는데, 이 친구들은 어디서 구했는지 큰 것들만 가지고 와 보기만 해도 질리
게 한다. 제냐가 슈까를 뜯어 주면서 보드카를 한 컵 따라주었다.

"Mr Lee! 슈까에다 보드카 한 컵 마셔 봐. 끝내줘!"

러시아 스타일로 숨죽이고 한 번에 마시자 이번에는 세르게이가 또 한 컵
따라준다.

"Mr Lee! 조금 전 한 컵은 러시아를 위해서, 이번 한 컵은 한국을 위해서!"

코를 막고 쭉 마시자마자 이번에는 옆에서 지켜보던 또 다른 러시아 친구가 따라준다.

"러시아와 한국과 우리 모두를 위해, 건배!"

이 사람들 언제나 보드카가 시작되면 새로운 보드카가 채워지고 또 채워지고 바닥이 보일 텐데 끝이 없다. 버티다 버티나 나는 너무 힘들어 침대에 누웠다.

세베로바이칼스크~띤다 기차 안에서 만난 친구들

바이칼 아무르 철도여행을 하면서 이렇게 러시아 사람들과 어울리면서 마시는 보드카 맛보다 더 신선한 것은 한국에서는 맛볼 수 없는 러시아 사람들의 소박하고 투박한 멋이다.

새벽녘 잠자리에 제냐가 어느 역에서 내리는 소리가 들려왔다.

누워서 "제냐, 잘 가"라고 하자 환하게 웃으며 커다란 타이어 2개를 들고 내렸다. 아침에 일어나자마자 그들과 또 보드카와 맥주가 이어지는데 해가 지고 해가 뜰 때까지 고장난 브레이크처럼 멈출 줄 몰랐다.

띤다^{Tynda}~콤소몰스크 나 아무르^{Komsomolsk~na~Amure}
1,473km 36시간 27분

띤다에서 기차를 갈아타야 하는데 모스크바 시간 11시 10분, 띤다 시간 17시 10분에 띤다 기차역을 출발해 모스크바 시간으로 9월 23일 23시 37분 콤소몰스크 나 아무르 기차역에 도착한다.

띤다가 모스크바 보다 6시간 빠르다.

띤다 기차역에 내리자마자 바로 옆 선로에는 띤다~콤소몰스크 나 아무르 기차가 대기하고 있다. 기차 안에서 내내 먹을 것, 마실 것을 준비해 준 세르게이가 내 배낭을 들어다 주는데 러시아 남자와 대한민국 남자가 찐하게

띤다~콤소몰스크 나 아무르 3등칸 쁠라치까르타 기차표.
1,538.8루블로 1달러에 31.86루블로 48.30달러다. 1달러에 1,137원으로 환산하면 54,917.10원이다.

모스크바~예르윤기리 기차 시간표

포옹을 하고 악수를 나누고 헤어졌다.

세르게이가 탄 기차는 바로 혹한의 땅 야쿠츠크로 가기 위해 북쪽의 예르윤기리로, 내가 탄 기차는 동쪽의 소베츠카야 가반나로 갈라선다. 서로의 기차는 세르게이와 나처럼 평생 동안 다시는 만나지 못할 것이다.

조지 제슨의 만화에서 아이디어를 가져온 것처럼 보이는 BAM 철도 본사가 위치한 띤다 기차역은 실제로는 모스크바의 건축회사가 설계한 것으로 소비에트 시절에 지은 대표적인 건물이다. 두 개의 기둥으로 구성된 목부분에 돌출한 관제탑이 있는 기차역으로 유명하다. 그 유명한 기차역에서 움직이는 호텔인 바이칼 아무르 철도길을 따라 또다시 계속해서 이동한다.

언제 멈출지 모를 것만 같은 기차 창문을 통해 보이는 툰드라 숲 속에 짓다가 그대로 버려둔 철근 콘크리트 건물과 가끔씩 보이는 회색빛 흉물스러운 동상들은 이제는 모두 옛 소련의 낡은 흑백사진의 추억으로 변했다. 어쩌면 낡고 낡아서 사진의 종이가 벗겨진 그러한 시간이 그리워 바이칼 아무르 철도 기차를 탔는지 모른다.

기나긴 바이칼 아무르 기차 호텔을 타고 있으면 저절로 알아서 산과 강과 호수와 마을을 자동으로 이어주고, 러시아 시골 사람들이 살아가는 영화 속의 영화보다 더 아름다운 모습으로 보여 준다. 기차 안의 사람들도 새로운 사람들을 만날 수 있도록 때가 되면 다른 사람들로 가득 채워 주는 이보다 더 고마운 호텔이 있을까!

띤다~콤소몰스크 나 아무르 3등칸 기차

이번 바이칼 아무르의 마지막 여행지 콤소몰스크 나 아무르로 향하면서 딱 한 개 남아 있던 일회용 커피를 꺼내 뻬치카의 뜨거운 물로 마시는 커피 맛이 왜 이리도 찐한 향기가 묻어나는지 모를 일이다.

띤다~콤소몰스크 나 아무르 기차 시간표

기차 창가에 앉아 뚝뚝 떨어지는 가을비를 바라본다. 빗물을 머금은 창밖 풍경에서 커피 향내가 날 것만 같다. 스쳐 지나가는 풍경 속에 지나온 나의 삶이 한 장 두 장씩 넘어간다.

거기에는 사나이가 눈물을 흘릴 때의 모습이, 이번 페이지에서는 입이 터지
도록 함박 웃는 모습이, 넘기지 않은 다음 페이지에는 심장이 두근거리는 어
떤 모습이 기다린다. 모든 페이지가 무지개 색깔이다.

가을비가 내리는 울창한 노브이 우르갈 기차역은 낙엽으로 가득하고 40분 동안 정차하자 많은 사람들과 섞여 세베로바이칼스크에서부터 동행한 이목구비가 수수하고 가냘픈 안나가 내린다.

"안나! 잘 가!"

"Mr Lee! 안녕! 잘 가요!"

안나는 하바롭스크로 간단다.

　나같이 여유로운 여행자에게는 관계없지만 하바롭스크나 블라디보스토크로 가려는 러시아 사람들은 콤소몰스크 나 아무르까지 가지 않고 노브이 우르갈 기차역에 내려 버스를 이용해 빠른 길로 간다.

아름다운 아가씨 안나

노브이 우르갈 기차역

계속해서 비가 내리고 단풍은 절정에 이른다.

바이칼 아무르 철도에는 김정일 배지를 단 북한 사람들이 많다. 내 옆 침대에 있던 정장을 한 남자는 머리에 기름을 발라 매끈매끈한 걸 보니 책임자급쯤 되는 모양이다.

북한에서 파견된 시베리아 벌목공들이 일하는 곳이 내가 지나가는 이 노선에 집중되어 있는데, 소위 우리가 말하는 시베리아 그러면 대부분 러시아의 추운 지역으로만 생각하고 블라디보스토크나 하바롭스크가 있는 극동지역을 떠올리는 경우가 많지만, 그 지역이 아니고 바로 BAM 철도길이 지나는 동토의 땅인 툰드라 지역을 말한다.

나랑 한 침대에 있던 러시아 남성이 이곳에서 벌목을 하는 노동자들이 한국의 북쪽 사람인지 남쪽 사람인지 묻는다. 그런 질문을 받을 땐 아직도 세상은 우리에게 가까이 있는 것 같지만 이렇게 멀기만 하다.

평생 동안 좁디좁은 세상을 만나는 것도 버거운데 드넓은 세상을 만나기에는 현실적으로 너무 벅차고 무겁다. 이처럼 말도 안 될 것만 같은 답답한 것들이 세상을 살아가면서 어디 이것뿐인가!

콤소몰스크 나 아무르 Komsomolsk na Amure

새벽 4시 30분이 되자 역무원이 환하게 불을 켜고 손님들을 모두 깨웠다. 약 2시간 후면 콤소몰스크 나 아무르 기차역에 도착한다. 내가 탄 기차 한 량에만 54명의 승객이 있는데 이들 모두 체크하려면 미리미리 준비해야 할 것들이 만만치 않으니 2시간도 부족하다.

콤소몰스크 나 아무르 기차역

그런데 언제 봐도 여기 서너 살 되는 꼬마아이들은 신기한 것이 한두 가지가 아니다. 며칠씩 가는 기차여행이 일상화되어서 그런지 지금처럼 새벽녘에 깨워도 울거나 인상을 찌푸리는 아이들은 눈을 씻고 봐도 없다. 일어나 스스로 옷을 갈아입고, 화장실을 다녀오고, 담요도 스스로 정리하고, 자그마한 손으로 식사할 때마다 심부름을 하고, 차를 준비하는 모습은 대륙적인 기질을 가진 어른을 닮았다.

깨워서 세수시켜 밥 먹여 줘야 하고, 옷 입혀서 학교 보낼 때 어리광 부리는 우리네 아이들과 비교하는 것은 잘못이지만 그래도 자꾸 비교된다.

자식을 성공시키려면 일찍부터 여행을 시키고, 재산을 물려준 부모보다 멋진 여행의 추억을 물려준 부모가 현명한 부모라고 한 영국 사람들 말처럼 우리 부모들도 러시아 아이들처럼 며칠씩 가는 기차여행은 힘들더라도 함께하는 여행을 자주 했으면 한다.

모스크바 시간으로 23시 37분에 콤소몰스크 나 아무르 기차역에 도착했지만 시간은 아침으로 콤소몰스크 나 아무르가 모스크바보다 7시간이 빠르니 6시 37분에 도착한 것이다.
바로 모스크바 시간으로는 2박3일을, 콤소몰스크 나 아무르 시간으로는 3박4일을 기차로 이동한 것이다. 경험하기 전에는 이 글을 읽는 독자들은 고개를 갸우뚱하며 선뜻 이해가 가지 않을 것이다.

콤소몰스크 나 아무르의 최고급 호텔인 보스호드

콤소몰스크 나 아무르 정교회 입구에는 '전능하신 아버지와 그 외아들 주 예수 그리스도와 성령님을 믿사옵나이다'라는 문구가 적혀 있다. 옛 공산국가였던 시절을 생각하면 감히 상상도 못할 일이다.

길가를 산책하다 우연히 마주친 웨딩 살롱 벽면에 오른쪽 다리를 구부린 신랑이 신부에게 꽃다발을 선물하는 그림과 함께 "나한테 '네'라고 해 줘!" 라는 문구가 재밌다.

콤소몰스크 나 아무르 동상 아래에는 '30년대 공산청년단원들을 추모하며' 라는 글이 적혀 있다. 젊은 처녀 총각이 들고 있는 도끼가 섬뜩하다.

콤소몰스크 나 아무르의 아무르 강가 돌 비석에 새겨진 글이다.
'이 자리에는 콤소몰스크를 건설한 첫 공산청년단원들이 쉬고 있다. 1932년 5월 10일'
콤소몰스크 나 아무르는 1932년 페름스코예라는 작은 마을이 있던 자리에 콤소몰, 즉 청년공산주의자연맹
구성원들이 건설했으며 도시 이름도 여기서 유래되었다.
아무르 강변에 위치한 콤소몰스크 나 아무르는 하바롭스크에서 360km 북쪽으로 떨어져 있으며, 1975년
콤소몰스크 나 아무르에 아무르 강을 가로지르는 철교가 완성되면서 블라디보스토크까지 시베리아 횡단
철도 구간이 자그마치 960km나 가까워졌다.

콤소몰스크 나 아무르 악짜브랴스키 거리

콤소몰스크 나 아무르 항구

기차역 2층 꼼나띠 옷띠하로 올라가 침대 하나를 얻어 배낭을 내려놓고 시내를 따라 걷는데 하루 종일 잔뜩 흐리다.

콜소몰스크 나 아무르 제2차 세계대전 전쟁기념비의 추모탑에는 '제2차 세계대전에서 고국을 위해 인생을 희생한 영웅들을 생각하며'라고 쓰여 있다.

콜소몰스크 나 아무르 기차역 광장의 차가운 야외 의자에 앉아 지금까지 걸어온 이런저런 생각을 하며 캔맥주 한 잔 하는데, 한 무리의 젊은이들이 옆 벤치에 앉아 담배를 피우고, 맥주를 마시고, 큰 소리로 떠들며 춤을 추면서 고요히 있고 싶어 하는 나를 방해한다.

조용했던 분수대도 이들이 오자 물줄기가 줄기차게 하늘로 치솟으며 함께 춤을 추었다.

콤소몰스크 나 아무르 레닌 광장으로 붉은색의 오래된 건물 오른쪽 위에는 '옛 소련에서의 노동은 명예와 영웅의 자부심이다'라는 마크가 있다.

콤소몰스크 나 아무르 백화점

콤소몰스크 나 아무르 80주년

콤소몰스크 나 아무르 Komsomolsk na Amure ~ 블라디보스토크 Vladivostok 1,125km 25시간 22분

모스크바 시간 1시 16분, 콤소몰스크 나 아무르 시간 8시 16분에 콤소몰스크 나 아무르 기차역을 출발해 콤소몰스크 나 아무르~하바롭스크 360km 구간과 하바롭스크~블라디보스토크 765km 구간을 거쳐 다음 날 모스크바 시간 2시 38분, 블라디보스토크 시간 9시 38분에 블라디보스토크 기차역에 25시간 22분 만에 도착한다.

이제는 동해로 가기 위해 블라디보스토크로 간다고 따냐한테 인사를 나누고 배낭을 짊어졌다.

콤소몰스크 나 아무르~블라디보스토크 3등칸 쁠라치까르타 기차표.
1,299.9루블로 1달러에 31.86루블로 40.80달러다. 1달러에 1,137원으로 환산하면 46,389.60원이다.

콤소몰스크 나 아무르 꼼나띄 옷띄하의 따냐

"Mr Lee! 나도 못 가본 드넓은 러시아를 여행하느라 무척 힘들었을 텐데 잘 가요!"

"러시아를 여행하고 나면 언제나 기쁜 마음으로 한국으로 돌아갑니다."

"Mr Lee! 시베리아 횡단열차는 몇 번이나 타봤어요!"

"글쎄요. 수십 번은 탔을 겁니다."

"Mr Lee! 러시아가 좋아요?"

"전생에 아마 러시아 사람이었나 봐요."

"건강하세요. Mr Lee!"

"고맙습니다. 따냐!"

시베리아 툰드라 동북쪽에는 북한 벌목공 노동자들이, 극동지역 북쪽에는 상당수의 중국인 노동자들이 일을 하고 있다. 물론 중국인 노동자들은 여기뿐만 아니겠지만 콤소몰스크 나 아무르에서 블라디보스토크까지 가는 기차 안에는 온통 중국인 노동자들로 내가 타고 있는 침대칸에는 나와 러시아 사람들이 거의 1층 침대칸을 쓰고 있고 중국인 노동자들은 대부분 2층 침대칸을 사용한다.

잠자는 시간 외에 1층 침대칸에 앉아서 대화를 하거나 식사를 해야 하는데 러시아 사람들이 노골적으로 중국인 노동자들을 싫어한다. 러시아 사람들의 예민함과 거부감을 느끼는 모습이 눈에 확 보일 정도로 같이 있기 싫으니 2층으로 올라가란다.

중국인 노동자들 참으로 난처하지만 예의가 없긴 하다. 그들이 먹고 지나간 자리는 음식 찌꺼기가 지저분하고, 기차 안 사람들을 의식하지 않고 큰소리로 떠들고 밤새 왔다 갔다 소란스럽다.

비켜 준 내 침대칸에도 먹고 남은 음식 쓰레기들이 널려 있고, 거기에다 민망한 속옷 차림의 모습은 날씨도 뿌옇고 잔뜩 흐려 하늘이 시꺼먼 모습처럼 이번 마지막 기차 안과 닮았다.

콤소몰스크 나 아무르 기차역에서 출발해 몇 분도 안 되어 뭘끼 기차역에 도착하면 국경선도 아닌데 세관원들과 군인들이 커다란 마약견을 데리고 올라와 여권 검사를 세세히 하고 왕복으로 검문검색을 하는 것은 특수한 상황으로 불법으로 넘어온 중국인 노동자들이 너무 많아서 그렇다.

중국인 노동자들이 거의 절반을 차지하는 상황에서 나도 도매금으로 중국 사람 취급받다가 여권 검사 하는 바람에 겨우 벗어났다. 뭘끼 기차역을 출발한 지 정확히 4시간 뒤에는 또다시 군인들과 세관원들이 올라와 마약견과 함께 2차 검문검색을 한다.

하바롭스크에 도착하기 전까지 군인들이 두 번 더 올라와 두리번거린다. 국제선 기차도 아니고 러시아 안에서 움직이는 국내선 기차 노선 중에 이 구간처럼 모든 승객을 상대로 여권을 네 번씩이나 검색하는 경우는 드물다.

4년 전 시베리아 횡단열차 여행을 할 때 투바 자치공화국의 수도인 키질을 가면서 크라스노야르스크에서 하카시야 자치공화국의 아바칸으로 가는 기차 안에서 건장한 군인들이 검문검색을 했던 기억이 떠오르지만 지금처럼 까다롭지는 않았다.

싱거운 일도 있다. 마지막 기차여행에서 캔맥주를 한 잔 하려는데 역무원이 나한테 군인이 보면 안 된단다. 기차 안에서 팔기도 하고, 실컷 보드카를 마시며 밤을 새도 뭐라 하는 사람이 없는데 이 노선에서는 안 된단다.

기차 밖 풍경

러시아 노동자들   기차 안의 두 할머니가 내내 진지한 대화를 나눈다.

아침 5시 30분경 우수리스크 기차역에 도착하자 흑룡강을 넘어 중국 국경선으로 출국하는 중국인 노동자들이 내리니 기차 안이 텅 빈 듯하다.

플랫폼에서 기다리고 있던 러시아 군인들과 경찰, 역무원들이 그들을 불러 여권을 확인했다. 문제가 있는 중국인 노동자들은 어림잡아 20여 명도 넘는데 그들을 어디론가 데리고 가는 모습이 기차 창문 밖으로 보였다.

아침 8시. 이제 한 시간 후면 블라디보스토크에 도착한다.

블라디보스토크에서 여행을 시작해 시베리아 횡단열차를 타고 러시아 전역을 돌고 60일 만에 다시 블라디보스토크로 돌아온다.

날이 밝아 오니 러시아 극동 시골 농가에 하나 둘씩 불이 켜지고 부지런한 시골 농부들이 들녘에 보이기 시작한다. 날씨가 흐려 환하게 밝아 오진 않았지만 창가에 앉아 해바라기, 코스모스, 누런 호박들을 바라보며 이번 여행을 시작한 블라디보스토크에서 마무리를 하려는데 방금이라도 소나기가 쏟아질 것 같다.

이제는 14시 블라디보스토크 항을 출발해 다음 날 동해항에 10시 30분 도착하는 배를 타기 위해 기차역 바로 옆에 있는 페리 여객터미널로 향했다.

시베리아 횡단열차 왕복여행을 마치고　　블라디보스토크 기차역 플랫폼을 지나

"아가씨! 약 한 달 전에 예약한 이한신입니다. 확인 부탁합니다!"

"네! 여기 명단에 있습니다."

리투아니아 카우나스에서 동해로 가는 배편을 예약해 놓은 것을 확인하고 나니 11시, 11시 30분부터 체크인을 했다.

터미널 비용 560루블 주고 나니 주머니에 달랑 100루블이 남았다. 약 3달러다. 실례를 무릅쓰고 페리 여객 사무실의 인터넷 전화로 서울의 아내한테 미리 전화를 했다.

"여보, 나야! 몸은 어때?"

"좋아졌어! 어딘데!"

"블라디보스토크 항구인데 내일 오전에 동해항에 도착해."

블라디보스토크 시베리아 횡단열차   블라디보스토크 페리 여객터미널로
출발점에 다시 돌아와서

"응, 알았어!"

우리 부부 대화 참 싱겁다.

아마 우리뿐 아니라 대한민국 남성들 중에 아내에게 보들보들하고 사근사
근한 남성은 그리 많지 않을 것이다. 마음이 중요하지 그게 뭐 그리 중요하
냐고 퉁명스럽게 얘기하지만, 사실은 그렇지 않을 듯싶다.

가을비가 주룩주룩 내리는데 하필이면 여권 검사를 하던 내 차례에서 세
관원이 컴퓨터가 고장이 났다고 잠시 기다리라 한다. 허 참!

무수히 많은 여행자가 수시로 오가는 출입국관리사무소 컴퓨터가 고장 나
다니 황당하지만 러시아니까 그럴 수 있겠지 하는 동안 직원들이 왔다 갔다
하고 20여 분 지나자 컴퓨터 수리가 다 끝난 모양이다. 아마도 러시아의 다

른 지역 같았으면 국물도 없었을 텐데, 한국으로 가는 배편이라 그런지 세관원 아줌마가 여권에 스탬프를 찍어 주며 미안하다고 한 마디 했다.

"ИЗВЕНИТЕ(이지비니쩨)!"

블라디보스토크 입국 스탬프

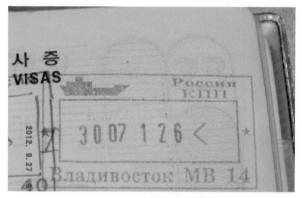

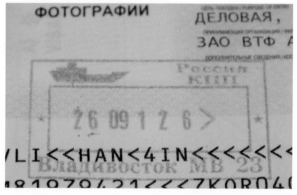

블라디보스토크 출국 스템프

블라디보스토크 Vladivostok ~동해 Donghae
612km 24시간

이제는 동해로 가는 배편에 올랐다. 한국으로 여행가는 러시아 사람들과 외국인 여행자들이 한국 사람들보다 많아도 한국 노래와 한국 돈 그리고 한국말을 하는 직원들이 있으니 한국 배는 한국 배다.

배에 올라타서는 제일 먼저 여행을 시작할 때처럼 사우나로 올라가 태평양을 바라보며 샤워를 하고는 선내 식당에서 김치볶음과 김치로 허겁지겁 세 그릇이나 비우고 방에 들어가 곧 골아떨어졌다. 그런데 중간에 시끄러운 소리에 눈을 떠 보니 러시아 아가씨들이 있었다.

블라디보스토크~동해 가는 배표.

배 안에 있는 사우나

"ЗДРАВСТВУЙТЕ(쯔라스트뷔이쩨)!"

"네! 안녕하세요!"

이 배에 타고 있는 러시아 아가씨들은 여행의 시작, 나는 여행의 끝이다.

아름다운 러시아 아가씨 왼쪽은 샤샤, 오른쪽은 마샤

60일간 러시아 시베리아 횡단열차 왕복여행을 마치고 이번 추석은 한국에서 보낼 수 있게 되었다. 2002년 타지키스탄 파미르 고원에서, 2005년 아제르바이잔에서, 2009년 카자흐스탄 아크타우에서 알마티로 기차를 타고 가면서, 2011년 우크라이나 케르치 국경선을 넘어 러시아 소치로 넘어가는 안빠라 국경선에서, 그 이전에도 여행을 하면서 그곳에서 추석을 보낸 기억이 떠오른다.

그러면서 앞으로 여행할 때 명절만큼은 한국에서 보내자 했는데 매번 그약속은 물거품이 되었다. 그런데 올해는 가족과 약속을 지키게 되었다. 3일 후면 추석, 내일 10시 30분 동해항에 도착한다.

배에서 바라본 블라디보스토크 항구

We are the World

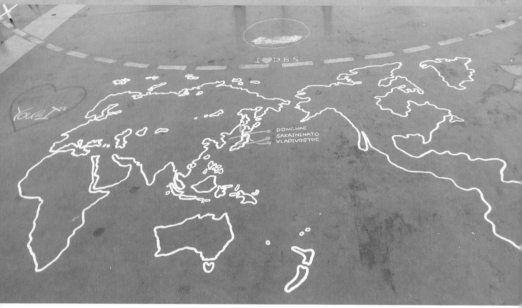

WE ARE THE WORLD! 우리는 하나로!

당신과 나, 나와 당신

우리는 친구다.

러시아, 발쇼예 스빠시바!
(러시아, 감사합니다!)

11 November

12 Monday (음9.29)

Россия, большое

3 Tuesday   спасибо !

나는 왜 순댓국 장사를 하다가 좀 쉬고 싶으면 옛 소련땅으로 배낭을 메고 하루 이틀도 아니고 자그마치 몇 달씩 여행을 떠나는지, 스스로에게 이유를 물어보니 아직도 이해가 안 간다며 좀 더 시간이 필요하단다. 30대 중반에 첫발을 디뎌 이제 50대 초반에 접어들었으니 15년의 세월이 흘렀는데도 더 기다리란다.

　성 아우구스티누스는 세계는 한 권의 책으로 여행하지 않는 자는 단지 그 책의 한 페이지만을 읽을 뿐이라고 충고했는데, 내가 그 한 권의 책을 다 읽을 시간은 언제쯤일까?

저 멀리 동해에 떠오르는 해를 바라보며 이번 시베리아 횡단열차 여행을 돌이켜보고 지난 나의 과거와 현재와 미래를 그려본다. 아쉽게도 그냥 멈춰 버리고 있는 과거와 붙잡아도 잡히지 않고 화살처럼 빠르게 지나가는 현재와 이유 불문하고 인정사정없이 무섭게 달려오는 미래를 스케치하려니 마음이 무거워진다.

비자도 필요없고 누구나 편안하게 갈 수 있는 유럽이나 미국, 캐나다, 아니면 동남아시아도 아니고 하필이면 우리에게 낯설고 안락함하고는 거리가 먼 옛 소련 연방공화국으로 발길을 돌리는지 사실 나도 잘 모른다.

유창하지는 않지만 흥미로운 러시아어 때문에,

세계적인 대문호 도스토예프스키나 푸시킨을 만나고 싶어서,

과거의 슬픈 역사로 인해 지금도 70여만 명의 같은 핏줄을 가진 고려인이라는 이름 아래 살고 있는 우리 동포가 그리워서,

지독히도 독한 보드카와 머릿속에 언제나 칼바람과 눈보라가 매섭게 몰아치는 긴 부츠와 털모자를 푹 눌러쓴 무표정한 사람들의 모습이 궁금해서,

얼마 전까지만 해도 공산당의 본부가 있었고 회색빛 공산주의 색깔로 공산당이라는 말을 꺼내지도 못했던 시절이 있어 거리는 가깝지만 우리에게는 아주 멀게만 느껴졌던 동토의 땅을 밟고 싶어서,

이것도 저것도 아니면 러시아는 물론 우크라이나나 벨라루스에 있는 늘씬하고 눈부신 아가씨들이 보고 싶어서,

아무것도 아니면 내 자신이 말한 대로 좀 더 기다려 봐야겠다.

아나톨 프랑스가 말한 것처럼, 여행이란 우리가 사는 장소를 바꾸어 주는 것이 아니라 우리 생각과 편견을 바꾸어 준다.

이번 시베리아 횡단열차 여행을 함께 한 여러분 모두는 세상을 바라보는 새로운 눈을 가질 것이고, 다음에 다시 우리 함께 여행을 떠날 땐 더 지혜롭고 용기 있는 사람으로 바뀔 것이다. ★

시베리아 횡단열차 그리고 바이칼 아무르 철도

펴낸날	초판 3쇄 2018년 4월 15일
	초판 1쇄 2014년 2월 25일

지은이	이한신, 심재숙
펴낸이	서용순
펴낸곳	이지출판

출판등록	1997년 9월 10일 제300-2005-156호
주 소	110-350 서울시 종로구 율곡로6길 36 월드오피스텔 903호
대표전화	02-743-7661 팩스	02-743-7621
이메일	easy7661@naver.com
디자인	한송희
마케팅	서정순
인 쇄	(주)꽃피는 청춘

ⓒ 2014 이한신, 심재숙

값 17,000원

ISBN 979-11-5555-012-0 03980

※ 이 도서의 국립중앙도서관 출판시도서목록(CIP)은 서지정보유통지원시스템 홈페이지(http://seoji.nl.go.kr)와
   국가자료공동목록시스템(http://www.nl.go.kr/kolisnet)에서 이용하실 수 있습니다.(CIP제어번호: CIP2014003978)